# 칭찬으로 넘어진 아이
# 꾸중으로 일어선 아이

# 칭찬으로 넘어진 아이

## 꾸중으로 일어선 아이

꾸짖지 않는 것이 아이를 망친다

야부시타 유, 코사카 야스마사 지음 김영주 옮김

# 꾸중으로

## 일어선 아이

21세기북스

여러분 안녕하세요. 이 책의 저자 야부시타 유(藪下遊)라고 합니다. 저는 평소 초·중·고등학교를 비롯한 교육기관에서 학교상담사로 근무하고 있습니다. 학교생활에서 아이들의 부적응 및 문제 행농은 등교 서부, 집단 괴롭힘, 자살, 자해 행위, 비행 등 다양한 양상으로 나타나는데, 저는 이러한 부적응 및 문제 행동을 보이는 아이들과 그 부모를 지원하는 일을 합니다.

《칭찬으로 넘어진 아이 꾸중으로 일어선 아이: 꾸짖지 않는 것이 아이를 망친다》라는 책의 제목을 보고 의아하게 여길 사람들도 있으리라 생각합니다. 요즘은 아이를 '칭찬하며 키우는' 분위기가 정착한 터라 '꾸짖는' 행위에 부정적인 이미지를 가진 사람들도 많을 것입니다. 실제로 학교 상담사로서 면담을 진행하다 보면 "아이를 혼내면 안 되는 줄 알았다"라고 말하는 부모님을 많이 만나게 됩니다.

물론 아이를 '칭찬하는' 일은 중요합니다. 하지만 '칭찬'이라는 접근법이 만능이라고 생각해서는 곤란합니다. 저는 종종 부모님들에게 "칭찬해서 성장시킬 수 있는 일이 있는가 하면 칭찬해서 안 되는 일도 있다", "적절한 꾸지람은 아이의 성장에 도움을 줄 수 있다"라고 말합니다. 그리고 실제로 아이를 잘 꾸짖음으로써 부적응이나 문제 행동이 개선된 사례도 다수 경험했습니다.

한편, 때로는 칭찬하며 키운다는 요즘 시류에 부합하는 가치관으로 인해 오히려 아이가 힘들어하는 상황까지 벌어지기도 합니다. 그들과는 다른 시대를 살아온 어른 세대가 이 아이들의 괴로움을 이해하기는 어려울 수 있지만, 그들이 겪는 괴로움의 '구조'를 제대로 이해하지 않으면 알맞은 지원을 할 수 없습니다. 따라서 이 책의 목표는 요즘 아이들이 겪는 괴로움의 '구조'를 그려 나가는 것입니다.


상담사 세계에서는 '경청(들어주기)'을 매우 중요한 덕목으로 여깁니다. 아마 여러분도 경청의 중요성을 익히 잘 알고 있을 것입니다. 상담사가 질문을 많이 하거나 지나치게 말을 많이 하면 '제대로 듣지 않는다'라고 내담자가 화를 내기도 합니다.

하지만 수많은 상담을 해 오면서 '경청(들어주기)'과 마찬가지로 '질문(물어보기)'도 중요하다는 사실을 깨달았습니다. 부적응 및 문제 행동의 '구조'를 이해한 뒤에 이루어지는 질문은 상대방으로 하여금 '하고 싶은 말을 물어봐 주었다', '내 문제를 제대로 이해해 주고 있구나'라고 생각하게 합니다. 이런 유의 질문이라면, 상담사의 질문이나 말이 많아도 내담자는 '내 이야기를 잘 들어준다'라는 느낌을 받을 수 있습니다.

더욱이 '구조'를 이해하면 아주 이른 단계에서부터 부적응 및 문제 행동의 핵심에 접근하거나 부모·교사와 아이의 관계를 '개선하기 쉬운 방향'으로 조언할 수 있습니다. 빠르다고 해서 무조건 좋은 건 아니지만 아이들의 부적응이나 문제 행동을 쓸데없이 오래 끌어서는 안 됩니다. 아이가 괴로워하는 시간이 길어질수록 건강한 성장과 발달에 미치는 영향은 더욱 커질 수밖에 없습니다.

이 책은 현대 아이들의 부적응과 문제 행동에서 많이 보이는 '구조'를 그리고 있습니다. 기존에 우세했던 사고방식이나 접근법과는 다른 부분도 있지만, 저 자신이 경험하고 그 나름대로

'좋은 결과'를 얻은 내용을 중심으로 엮었습니다. 그 모든 것을 상담 경험을 바탕으로 하여 썼습니다. 이 책을 손에 쥔 분들에게 모쪼록 도움이 되기를 바랍니다.

이 책의 사례에 관해 미리 설명하자면, 사례는 두 가지 유형을 기준으로 취합했습니다. ① 본인 및 부모로부터 게재 허락을 받은 사례와 ② 몇 가지 유사한 사례를 조합한 것입니다(그리고 가끔 제 아이에 대한 이야기도 있습니다). ①의 경우는 본질이 흐려지지 않게 유의하며, 개인정보를 특정할 수 없도록 수정했습니다. ②의 경우는 엄밀히 말해서는 픽션이지만 실제 사례와 비교해도 손색없는 내용입니다.

그럼 이제 본론으로 들어가 보겠습니다.

# 목차

## 제3장 아이들에게 불쾌감을 주지 않으려는 사회

### 1. 무엇이 아이들의 부적응을 발생시키는가?

### 2. 아이를 불쾌하게 할 수 없는 사회

## 4. 학교와의 관계가 틀어지기 쉬운 부모의 특징

# 제5장 내 아이를 위해 알아두어야 할 것들

## 1. 기타 부적응과의 관계

## 2. 지원의 함정 및 예방법

## 3. 마지막으로 중요한 것들

제 1 장

# 학교에 적응하지 못하는 아이들

# 1

# 되짚어 보는 등교 거부의 역사

## 등교 거부의 이유가 설명 가능했던 시기

먼저, 제2차 세계대전을 기점으로 한 등교
거부의 역사를 되짚어 보겠습니다. 그 이전은 제대로 된 통계자
료를 찾기 어려워 생략합니다. 제2차 세계대전 이후(대략 1945년
경)에는 '학교에 가지 않는 아이'가 매우 많았습니다. 하지만 그
당시의 등교 거부는 지금과 전혀 성격이 다릅니다.

그 시절에는 패전 후의 열악한 위생 환경으로 인해 질병에 걸
리거나 가난으로 인해 학교에 가지 못하는 아이들이 많았습니
다. 또한 '학교? 그런 데 갈 여력이 있으면 집안일이나 도와라'
라고 생각하는 부모도 많았으며, 그러한 부모의 낮은 교육열은

그대로 아이들의 등교 의욕 저하로 이어졌습니다. 이러한 결석 현상에는 엄연한 이유가 있었고, 사회적으로도 아이가 학교에 가지 않는 것이 문제가 되지 않았습니다.

이후, 전후 부흥이 진행되면서 각 가정의 경제 상황도 안정되어 갔습니다. 위생 환경이 개선되고, 사회적으로도 진학하거나 학력을 갖는 것이 '좋은 삶'과 '풍요로운 미래'로 이어질 거라는 높은 기대를 가지게 되었습니다. 초등학교 졸업자가 많은 시대였기 때문에 더 높은 학력을 갖는 것이 곧 '남들보다 나은 삶'으로 이어졌습니다. 이러한 전후 부흥의 변화와 더불어 '학교에 가지 않는 아이'는 급감했습니다.

### 설명할 수 없는 등교 거부의 출현

'학교에 가지 않는 아이들'이 계속 감소하는 가운데, 1950년대에 접어들자 도시의 부유층 자녀를 중심으로 이전과는 전혀 다른 결석 현상이 발생하기 시작했습니다. 그 아이들은 학업이나 교우 관계, 교사와의 관계에서 전혀 문제가 없음에도 불구하고 학교에 가지 못했고, 본인들도 '학교에 가고 싶은데 갈 수 없는' 상태였습니다.

'설명할 수 없는 등교 거부'에 대해 설명을 시도한 것은 미국의 A. M. 존슨(A. M. Johnson)이라는 연구자였습니다. 존슨은 '설명할 수 없는 등교 거부' 현상은 학교에 대한 불안과 공포로 인해 생겨나는 것이 아니라 '부모와 떨어져서 지내는 상황에 대한 불안'에서 생겨나는, 즉 '분리불안'으로 인해 발생했다고 생각했습니다.

당시에는 아직 자녀를 대범하게 양육하던 시대였습니다. '대범하다'라고 하면 얼핏 좋게 들릴지도 모르지만, 실제로는 난잡하고 거친 이미지에 가까웠고, 지금이라면 금지될 만한 난폭한 놀이까지 만연해, 아이들끼리 싸우는 일도 빈번하게 일어났습니다.

사회 전반적으로 이러한 육아 분위기에서, 도시의 부유한 가정은 아이를 지적이고 차분한 분위기에서 키우려는 경우가 많았고, 그런 환경에서 자란 아이는 섬세한 감수성을 가진 내성적인 아이가 되기 쉬운 경향이 있었습니다(물론 타고난 기질도 있겠지만).

그런데 그 섬세하고 내성적인 아이가 '대범하게' 자란 아이들 집단에 들어가면 어떤 일이 벌어질까요? 그 아이들 입장에서는 문화충격과도 같은 경험이 되리라는 건 상상하기 어렵지 않습니다. 불안과 당혹감을 느끼면서도 집단에 적응하기 위해 노력하는 과정에서 대부분의 아이들은 조금씩 학교 분위기에 적응하며 강인하게 성장합니다.

하지만 그중에는 발이 걸려 넘어지는 아이들도 있었습니다. 공부도 잘하고, 교우관계에서도 나름대로 잘 적응했지만, 마음 속에서는 자기도 모르는 사이에 갈등과 긴장이 고조되어 학교에 대해 강렬한 불안을 느끼는 아이도 있었습니다. 이런 아이들이 '안전한 부모님과 떨어지기 싫다'라고 하는 무의식적인 욕구를 일으켜 학교에 갈 수 없다는 상태로 나타났습니다.

처음에는 이런 아이들의 상태를, 학교에 대해 '합리적이지 않은 극단적인 두려움을 품고 있다'라는 양상으로 보아 '학교 공포증'이라고 불렀습니다. 그러나 앞서 언급한 존슨의 사고방식이 확산하면서 '공포증이라는 명칭은 적절하지 않다'라고 여겨져, 그 대신 '등교 거부'라는 표현이 사용되기 시작했습니다.

## 등교 거부의 다양화·모호화

1960년대에 접어들면서 초등학교 저학년에서 많이 보였던 '등교 거부' 아이들의 연령이 서서히 높아져, 초등학교 고학년과 중학생에까지 확대되었습니다. 당연히 존슨의 '분리 불안'으로는 설명할 수 없는 양상이 늘어나자 관련 지원자[1]나 전문가들은 등교 거부에 대한 새로운 관점을 모색하게 되었습

---

1) 이 책에서 저자가 말하는 지원자는 '지지하고 돕는 사람(支援者)'의 의미로, 등교 거부 학생을 돕고 지지하는 상담사나 교사를 가리킨다.

니다.　　－

이때 다양한 등교 거부 유형이 제시되었는데, 어떤 유형이든 아동의 특징과 학교 환경과의 상호작용에서 발생하는 심리적 걸림돌로 인해 등교 거부에 이르렀다는 점에서는 견해가 일치했습니다. 참고로 이렇게 유형화할 수 있었던 것은 1960년대에는 아직 '등교 거부 아이들이 많지 않았기 때문'입니다.

이러한 시대는 1975년 이후로 막을 내리게 됩니다.

그때까지 계속 하락하던 중학생의 장기 결석률(장기 결석자가 재학생에서 차지하는 비율)이 상승세로 전환하였고, 뒤따라 초등학생의 장기 결석률도 상승세로 바뀌었습니다. 계속 증가하는 등교 거부가 사회문제로 부각되기 시작한 것도 이 시기입니다. 등교하지 않는 아이들의 수가 늘어나면서 그들의 '공통적인 특징'을 찾는 것이 어려워지고, 그 윤곽도 흐릿해지기 시작했습니다. 이렇듯 등교 거부의 다양화·모호화에 따라 '등교 거부'가 아니라 '부등교(不登校)[2]'라는 보다 객관적인 표현이 사용되기 시작했습니다.

또한 '학교라는 장소'의 문제가 크게 부각된 것도 1970~80년대에 이르러서입니다. 학교에 가지 않는 것을 아이 개인이나

---

2) 이 책은 부등교에 대해 설명하고 있지만, 등교 거부와 뚜렷한 차이라기보다는 표현의 차이인 점을 감안해 독자의 이해를 쉽게 하기 위해 등교 거부로 바꾸어 실었다.

그 가정의 문제로만 보는 시각을 비판하고, 학력 사회와 입시 교육, 관리 교육 등의 교육 체제가 문제라는 '등교 거부와 학교 문제'로 보는 시각이 나온 것입니다. 이러한 교육 체제의 문제 지적과 더불어 체벌로 인한 사망, 왕따 문제, 학교 폭력 등 교육 현장을 둘러싼 여러 현상들이 사회문제로 대두되기 시작한 것도 이 시기였습니다.

## 어떤 아이에게도 일어날 수 있는 등교 거부

이러한 상황에서 문부성(현 문부과학성)은 1992년에 보고서를 통해 '등교 거부는 어떤 아이에게도 일어날 수 있다'라는 견해를 밝혔습니다. 현재 학교를 잘 다니는 아이라도 이런저런 요인이 작용해 등교를 거부할 가능성이 있다고 보고, 교사가 각각의 학생들과 소통하는 방식과 평소 교육 활동을 전체적으로 재검토할 것을 요구한 것입니다.

특히 학생, 보호자, 교사 개개인이 학교에서 느끼는 불안과 고민을 받아주는 것이 중요하다고 여겨, 그 대응의 일환으로 '마음 전문가'인 임상 심리사 등이 학교 상담사로 배치되었습니다. 학교 상담사 사업에 그치지 않고, 등교 거부에 대한 문부성의 다양한 대책은 1992년의 보고를 기점으로 하고 있습니다.

이 보고서에서는 '무작정 등교를 자극하는 것이 아니라 기다려 주는 것이 중요하다'라는 지원 방침에 대해서도 언급되었습니다. '등교를 최우선으로 하지 않는다'라는 이 사고방식 자체는 등교 거부를 지원하는 데 있어 오랫동안 채택되어 온 기조입니다. 그런데 문부성이 이러한 지원 방침을 명확하게 내세운 점, '적극적으로 등교를 지향한다'라는 방침에 대한 비판이 원래부터 있었던 점, 등교 거부 학생 수가 예전만큼 소수가 아닌 점 등으로 인해 전반적인 사회 분위기는 '등교 거부 학생을 꼭 등교하게 해야 한다'라는 사고방식을 버리게 되었습니다.

이렇게 해서 '등교를 최우선으로 삼지 않고', '편안히 쉬게 하고', '그 아이의 속도대로'라는 등교 거부 지원 방침은 누구나 알 수 있을 정도로 확산이 되었습니다. 1990년대는 등교 거부가 '흔한 현상'으로 인식되기 시작하면서 대응책도 어느 정도 고정되고, 사회적으로는 예전만큼 문제로 다뤄지지 않게 된 시대였습니다.

그러던 것이 2000년대에 들어서면서 새로운 각도에서 다시 '등교 거부'가 사회 문제로 대두되게 됩니다. '은둔형 외톨이' 문제가 부각되면서 '학교에 가지 않는다→사회에 참여하지 못한다'라는 연속성이 인식되기 시작한 것입니다.

자칫 오해하기 쉬운데, 등교 거부 상태에 있는 아이 중 상당수는 그 후 정상적으로 사회활동에 참여하고 있습니다. 하지만

'등교 거부'에서 '은둔형 외톨이'로 이행하는 사례 역시 엄연한 사실로 존재하기 때문에, 등교 거부가 사회적 성숙의 기회를 줄여 이후의 사회 참여를 어렵게 할 가능성도 중요하게 생각해야 합니다.

이제부터는 실제적인 지원에 관해 이야기해 볼까요? 현재 주류가 된 '등교를 최우선으로 하지 않는다', '무작정 등교 자극을 주지 않는다'라는 지원 방침이 '왜 효과적인가?'에 대해 설명하겠습니다.

# 2
## 등교를 자극하지 않고
## 편하게 쉬게 하는 것은 왜 효과적인가?

강한 등교 압박에 노출되었던 등교 거부 아이들

먼저, 이해를 돕기 위해 등교 거부의 역사를 '사회로부터의 등교 압박'이라는 관점에서 살펴봅시다.

등교를 거부하는 학생이 극소수였던 1975년 이전은 물론, 그 이후에도 등교 거부 학생에 대한 세간의 생각은 '학교는 꼭 가야 한다', '학교에 가는 건 중요하다'라는 것이 대세를 이루었습니다.

1992년에 문부성이 '등교 거부는 어떤 아이에게도 일어날 수 있다'라는 견해를 밝혔지만, 세간의 생각은 그리 쉽게 바뀌지 않습니다. 등교 거부에 대한 생각은 지역 차이(라기보다 도시와 지방의 차이)가 상당히 크기 때문에 일괄적으로 말할 수는 없지만, 제가 체감하기로 '학교에 가지 않는 선택지도 있다'라는 인식이 드러나게 된 건 최근 10년 정도인 것 같습니다.

즉 등교 거부가 사회적으로 인식된 이후에도, 이를 둘러싼 환경인 학교와 사회 그리고 일반적인 가정에서 '학교는 꼭 가야 한다', '학교는 일단 가는 편이 좋다'라는 생각을 공유했던 것입니다. 이렇듯 학교에 가는 것이 당연한 시대를 살아온 등교 거부 학생과 그 가족들은 등교를 둘러싼 심리적 압박감을 항상 느꼈습니다.

**'등교에 대한 압박을 주지 말고 편안히 쉬게 하자'라는 방침**

'학교는 꼭 가야 한다'라는 풍조가 강했던 시절, 그런 생각을 사회와 학교 그리고 가정이 모두 공유했던 시대에 적극적으로 채택된 것은 '등교를 최우선으로 하지 않는다', '편안히 쉬게 하자' 같은 방침이었습니다. 그리고 이 방침이 1992년 문부성 보고서에서 '무작정 등교를 압박하는 것이 아니라 기다려주는 것이 중요하다'라는 형태로 세간에 널리 알려지게 된 것은 앞서 이야기한 대로입니다.

여기서 앞의 의문을 되짚어 봅시다.

'등교를 최우선으로 하지 않는다', '등교 자극을 주지 않는다',

'편안히 쉬게 한다' 같은 방침이 오늘날처럼 시민권으로의 자격을 얻게 된 이유는 무엇일까요? 그러한 방침이 이렇게까지 받아들여지게 된 이유는 무엇일까요?

답은 간단합니다. 이런 방침들이 '등교 거부 개선에 효과적'이었기 때문입니다.

등교 거부의 개선 목표를 '재등교'에 국한시키는 것은 지양해야겠지만, 지금까지 살펴본 시대적 흐름에서도 알 수 있듯이 사회·학교·가정에서 '학교는 가야 한다'라는 가치관이 견고한 상황에서는 결과적으로 '등교'가 중요했습니다. 이러한 시대에 재등교로 이어지지 않는 지원 방침은 결과적으로 뿌리를 내릴 수 없었습니다.

'등교 자극을 주지 않고 편안히 쉬게 한다'라는 방침이 '결국에는 등교하는 결과'를 보였기 때문에 지지를 얻고 전문가와 비전문가 사이에서 널리 공유되어 온 것입니다.

### '학교는 가야 한다'와 상반되는 감정을 억누르는 아이들

등교 거부 상태에 있던 아이들의 상당수가 '등교 자극을 주지 않고 편안히 쉬게 한다'라는 방침 아래에서 재등교로 이어진 이유는 무엇일까요? 학교에 가지 않던 아이들이 다시 학교에 가게 되는 변화를 보면서, 어느 정도 일리가 있다고 생각되는 바를 설명해 보겠습니다.

먼저, 지금까지 말한 것처럼 과거에는 사회·학교·가정이 '학교는 가야만 한다'라는 가치관을 공유하고 있었습니다. 그리고 그런 사고를 전제로 한 환경에서 자란 아이들의 마음속에도 '학교는 가야 한다'라는 가치관이 자연스레 새겨져 있었습니다.

특히 등교를 거부하게 되는 아이들은 그러한 주위의 가치관이나 욕구를 읽어내는 재능(요컨대 분위기를 파악하는 재능)이 뛰어난 경우가 많았고, 그렇게 읽어낸 가치관이나 욕구에 대해 '자신을 억눌러 맞추려는 재능'도 함께 가지고 있는 경우가 많았던 것 같습니다. 그래서 예전에는 등교 거부 상태에 이른 학생을 '우등생의 중도하차형'이라고도 했습니다. 이런 재능이 사회적으로는 매우 가치가 높지만, 그것이 어린 시절부터 두드러지거나 그 재능이 지나치게 활용되는 상황(분위기를 파악하고 자신을 억제하지 않으면 기능하지 않는 가정환경 등)이 되면 재능으로 인해 본인이 고통받는 아이러니한 형태가 되어버리는 것입니다.

그렇게 '학교는 가야 한다'라는 가치관을 무의식적으로 강하게 내재화한 아이들은 그에 반하는 감정(공부가 힘들다. ○○이랑 싸워서 학교에 가기 싫다 등 누구나 느끼는 학교에 대한 저항감)을 억누르며 학교에 다니게 됩니다. 많은 아이들이 '학교는 가야 한다'라는 가치관을 가지고 있더라도 그에 반하는 감정도 자각하고 표현하는데(떼를 쓰거나 애먼 화풀이를 하거나 응석을 부리는 등 부모는 힘들어도 그 덕분에 등교 거부로 이어지지 않고 끝날 수 있다), 등교 거부 상태에 이르기 쉬운 아이일수록 학교에 가기 싫은 감정을 억누르는 경향을 보였던 것입니다.

## 악영향을 끼치는 억눌린 감정

심리학의 대표적인 학파 중 하나로, '억누른 감정'이 여러 가지 증상이나 문제로 표현된다는 사고방식이 있습니다. 언뜻 보기에는 아무 문제없이 씩씩하게 학교에 다니는 것처럼 보여도 본인 마음속에는 정반대의 생각이 봉인되어 있다는 것입니다.

이러한 상황에서 억누른 감정이 한계에 이르거나 아이의 발달(열 살 전후가 되면 '자신의 감정'이 쉽게 드러난다) 상태 등의 변화로 인해 그때까지는 그럭저럭 유지되던 균형이 무너지면서 다양한 증상과 문제가 나타나게 됩니다. "이유는 잘 모르겠지만 도저히 학교에 못 가겠다"라는 상태가 되거나 복통이나 두통 같은 신체적 불편함, 아침에 일어나기 힘듦, 슬프지 않은데 눈물이 남 등의 현상이며, 이런 상태가 지속되면 등교가 어려워지는 것입니다.

등교 거부 상태가 되었더라도 본인은 '학교는 가야 한다'라고 생각하기 때문에 "다음 주부터는 학교에 갈 거야" 하고 말하지만, 막상 당일이 되면 등교하지 못하는 경우가 대부분입니다. '억누른 생각=학교에 가야 한다는 가치관에 반하는 마음'이 억누른 만큼 이자가 붙어 커졌기 때문에 아예 움직일 수 없게 된 것입니다. 이를 두고 가족들이 '거짓말쟁이'라고 비난하는 건 백해무익한 일이라 이 상황을 돕는 지원자는 이 구조에 대해 제대로 설명할 수 있어야 합니다.

이런 이유로, 본인도 학교에 가야 한다는 건 알지만 도저히 등교할 수 없는 '불합리한 결석 현상'이 발생하게 됩니다. 이 설명이 등교 거부 아이들 전체에 해당하는 것은 아니지만, 특히 사회·학교·가정이 '학교는 가야 한다'라는 가치관을 공유했던 시대에는 정도의 차이는 있을지라도 '억누른 감정이 악영향을 끼치는' 구조가 많은 등교 거부 아이들에게 존재했다고 할 수 있습니다.

### '등교 자극을 주지 않고 편하게 쉬게 한다'라는 방침의 유효성

이런 아이들에게 '등교 자극을 주지 않고 편하게 쉬게 한다'라는 방침은 매우 효과적이었습니다.

'억누른 감정'이 악영향을 끼치는 거라면 감정을 억누르지 않아도 되는 상황을 만드는 게 중요하다는 건 이론상으로는 쉽게 이해할 수 있을 것 같습니다. 등교를 최우선으로 하지 않고 집안에서 안심하고 지낼 수 있도록 함으로써 그동안 억눌렀던 감정을 표출할 수 있게 만들어 주는 것입니다.

이렇게 환경을 조정함으로써 원래 내재되어 있던 '학교는 가야 한다'라는 가치관과 그에 상반된 '학교에 가기 싫은 마음' 사이에서 갈등이 생기게 되는데, 이 갈등은 '인간으로서 자연스러운 것'이라고 할 수 있습니다. 등교 거부 아이들은 '학교에 가야 한다는 가치관'과 가까스로 의식하게 된 '등교에 반하는 마음' 사이에서 흔들리며, 생생한 고통을 겪게 됩니다. 이렇게 들으면 '고통스러운 것은 좋지 않다'라고 생각하기 쉽지만 이러한 갈등은 아이들의 심리적 성장과 재등교에 꼭 필요한 과정이었습니다.

상담의 큰 학파 중 하나인 '정신분석'을 창시한 프로이트는 의식적으로 고통스러운 충돌을 만들어 내는 것이 치유로 가는 길이라고 생각했습니다. 그 배경에는 '인간은 정상적인 갈등에 직면함으로써 길을 개척해 나가는 존재'라는 인간을 신뢰하는 자세가 있었다고 생각합니다. 실제로 과거의 등교 거부 아이들 중 상당수는 갈등을 통해 자신의 내면을 들여다보고 모색하며 심리적으로 크게 성장했습니다. 한때 등교 거부를 '번데기 시기'라고 불렀던 것은, 바로 이러한 갈등을 통해 심리적 성장을 이룰 수 있었기 때문입니다.

이와 같이 의식화한 생생한 고통을 수반하는 갈등은 아이의 성장과 개선을 이끌어 내는 정상적인 갈등이라고 할 수 있습니다. 지원자가 보여주는 '공감'이 정서적 친밀감으로 다가가 갈등을 유지하는 데 큰 힘이 됩니다. 또한, 아이 주변의 모든 사람이 보내 주는 '공감'은 지원자의 부족한 힘을 보완해 줍니다. 그렇기에 지원자는 '성장과 개선에 도움이 되는 갈등'의 의미를 주변 사람들에게 잘 전달하는 통역자의 역할을 자진해서 맡는 것이 바람직합니다.

이것으로 알 수 있듯이, 상담은 '고민을 해결하기 위한 활동'이라고 생각하기 쉽지만 실제로는 '고민해야 할 것을 제대로 고민할 수 있도록 하기 위한 활동'이라는 것이 본질입니다.

## '학교는 꼭 가야 한다'라는 가치관의 의의와 그 변화

여기까지가 '학교는 꼭 가야 한다'라는 시대를 살았던 등교 거부 아이들에게 행해지던 '등교 자극을 주지 않고 편안히 쉬게 한다'라는 지원 방식입니다.

다양한 전문가들이 단순히 아이들의 부담을 줄이기 위해 그저 '등교 자극을 주지 않는다'라고 한 것이 아니라 전략적인 의도를 가지고 그러한 방침을 채택했음을 알 수 있습니다.

이는 한 가지 결론을 이끌어 냅니다. '등교 자극을 주지 않고 편안히 쉬게 한다'라는 방침이 유효했던 이유는 아이들의 내면에 '학교는 꼭 가야 한다'라는 가치관이 어느 정도 존재하고 있었기 때문이라는 점입니다. 바꿔 말하면, '등교 자극을 주지 않고 편안히 쉬게 한다'라는 지원 방침은 아이들의 내면에 존재하는 '학교는 꼭 가야 한다'라는 가치관에 의존하고 있었다는 뜻입니다.

하지만 시대는 변하고 있습니다.

오늘날 '학교는 꼭 가야 한다'라는 가치관은 과거에 비해 크게 약화되었습니다. 학교에 가는 것만이 전부가 아니며, 아이들의 다양성을 인정해 그에 맞는 학교 환경을 조성하고, 학교 외 선택지를 늘리자는 생각이 중심을 차지하게 되었습니다.

2016년에 「교육기회보장법(敎育機会確保法)」(의무 교육 단계에서 보통 교육에 상응하는 교육의 기회 보장 등에 관한 법률)이 제정·공포된 것도 크게 작용한 것 같습니다. 이 법률을 계기로 배움의 다양화 학교·교육지원센터의 설치를 촉진하고, 프리스쿨(free school)[3] 등에 다니는 경우에는 비용 부담을 줄여 주고, 프리스쿨이나 학부모회 등 민간단체와 협력해 가는 것 등이 제시되었

---

[3] 등교 거부 학생을 대상으로 학습 활동, 교육 상담, 체험 활동 등을 실시하는 민간 시설.

습니다. 등교 거부 학생이 굳이 공교육 현장에 복귀하지 않고, 프리스쿨 같은 곳으로 대신해도 괜찮다거나 고졸 검정고시를 보면 된다는 식으로 선택의 폭이 확대되면서 등교 거부 학생에 대한 지원이 사회적으로도 변화하고 있는 것입니다.

이는 당연히 지금까지 이야기한 '등교 자극을 주지 않고 편안히 쉬게 하는' 방침으로 인한 개선 효과가 줄어들게 된다는 것을 의미합니다. 이는 좀 아이러니한 이야기입니다. 사회문제가 될 만큼 등교를 거부하는 아이들이 등장하는데, 사회·학교·가정이 '학교는 꼭 가야 한다'라는 가치관을 수정해 아이들에게 다가갈 수 있는 가치관으로 이행할수록 '등교 자극을 주지 않고 편안히 쉬게 한다'라는 방침의 유효성은 떨어지게 되는 것입니다.

## 의미가 없는 방침은 아니지만

하지만 이 방침이 무의미하다는 것은 아닙니다. 다만, 갈등을 끄집어냄으로써 성장과 개선으로 이어지는 방향성이 나오기 어려워졌다는 의미이고, '효과가 한정된다'라는 정도로 이해하면 좋을 것 같습니다.

예를 들어 집단 괴롭힘같이 환경적 요인이 명백하고, 정신적인 부담이 과도하다고 판단되는 사례에 대해서는 그런 환경에서 일단 멀어지는 것이 긍정적으로 작용할 수 있습니다. 단, 이 역시 모든 사례에서 유효한 것은 아니며, 아이를 쉬게 하는 선택을 했다 하더라도, 다음에는 '계속 쉬게 함으로써 학교에 가기 힘들어지는' 문제가 원래 문제에 더해질 수 있는 위험성도 고려해야 합니다.

물리학의 세계에는 정지 마찰(정지한 물체를 움직일 때의 마찰력)과 운동 마찰(물체가 움직일 때의 마찰력)이라는 말이 있는데, 정지해 있는 물체를 움직일 때의 마찰력이 더 크다고 합니다. 이는 등교 거부에서도 마찬가지라 할 수 있는데, 쉬고 있는 상태에서 움직이려 할 때 더 많은 에너지를 소모하게 되는 것입니다. 따라서 '계속 쉬다 보면 학교에 가는 게 더 힘들 수도 있다'라는 점을 염두에 두고, 확실하고 전문적인 예측하에 '환경에서 멀어지기 위해 쉰다'라는 방침을 선택하는 것이 중요합니다. 또한 개인적인 경험으로 보아도 '그냥 쉬게 하는 것만으로 경과가 좋아지는 등교 거부'는 극히 일부에 불과합니다.

# 3
# 기존 접근 방식으로는
# 개선되지 않는 사례의 출현

기존의 등교 거부 지원에서 중요한 것

　　　　기존의 등교 거부 학생에 대한 지원을 통해
우리는 아이들을 지원하는 데 있어 여러 가지 중요한 사항들을
배웠습니다.

　우선은 아이의 내면에 '개선하고자 하는 힘'이 있고, 그 힘을
'믿어주는 것'이 중요하다는 사고방식입니다. 억지로 학교에 보
내려는 환경에서는 '개선하고자 하는 힘'이 저해되기 때문에 등
교 자극을 주지 않고 아이의 심신을 안정시키는 것을 중요했습
니다. 지원 역시 '어떻게 하면 아이가 안심하고 지낼 수 있을까'
를 핵심 사항으로 삼고, 아이를 정서적으로 지원하고 가족 환

경을 조성하는 것이 중요하다고 생각했습니다.

그리고 고민과 갈등을 통해 인간이 성장한다는 인식입니다. 아이들이 처한 상황에서 '고민해야 할 것을 고민하고 있다'면, 그 시간을 빼앗을 게 아니라 고민하는 아이를 지지하는 것이 중요해집니다. 언뜻 보기에 부정적인 상태에 있더라도 아이가 고민해야 하는 문제를 고민하고 있다면, 그 상태의 중요성을 인식하고 아이를 정서적으로 지지해 줌과 동시에 주변 사람들에게 전달하는 등 전문적인 관점에 입각한 접근 방식으로 개선을 유도해 왔습니다.

또한 아이의 내면에 '개선하고자 하는 힘'이 있으므로 외부의 자극은 '작고, 얇고, 조심스러운 것'이어야 했습니다. 예를 들어 담임교사가 학교에 오지 않은 아이에게 보내는 편지에 "지난 주말에는 무엇을 했어? 선생님은 ○○을 했단다"라고 쓰거나 "지난 주말에 선생님은 ○○을 했어. 너는 무엇을 하며 보냈니?"라고 쓴다고 했을 때, 전자의 경우가 '답변에 대한 압박감'이 낮다는 걸 알 수 있습니다. 아무리 잘 개선되고 있는 아이라도 막상 자신의 힘으로 움직이는 것은 쉽지 않은 일입니다. 그럴 때 '조심스러운 외부 자극'을 통해 아이가 움직일 수 있도록 뒤에서 살짝 밀어주는 것이 중요합니다.

## 기존의 접근 방식으로는 개선되지 않는 등교 거부의 출현

본인에게 '개선하고자 하는 힘'이 있다고 믿고 그것이 작동하기 수월하도록 상황이나 환경을 조정하는 것, 정체되거나 일종의 평형 상태에 빠졌다면 지원의 근간인 '개선하고자 하는 힘'을 해치지 않을 정도의 외부 자극을 주는 흐름은 등교 거부를 지원하는 데만 국한된 것이 아니라 다양한 심리적 불균형을 지원할 때 채택되는 일반적인 원칙이라고 할 수 있습니다.

저 역시 이 일반적인 원칙에 근거하여 아이들의 부적응 문제를 개선하기 위해 노력해 왔고 나름의 효과를 실감하기도 했습니다. 그러나 최근 몇 년 동안 아이들의 부적응 양상이 달라지면서 일반적인 방법으로는 대응하기 어렵다고 느낄 때가 많아졌습니다. 자세한 내용은 제2장에서 다루겠지만 최근 들어 자주 볼 수 있는 학교 부적응 양상의 사례는 다음과 같습니다.

사례①
### 고등학교 입학 후에도 등교 거부가 계속된 남학생

중학교 2학년 남학생. 등교 거부 상태가 되었지만 어머니의 적극적인 지원 속에 다른 사람들 눈에 띄지 않겠다는 조건으로 시간과 장소를 조정해 별실로 등교하게 되었다. 별실에서는 자신이 할 수 있는 일은 하지만, 할 수 없는 일에는 절대 손대지 않겠다는 태도를 유지했다. 담임교사도 '못 하면 어쩔 수 없지' 하며 그 모습을 인정하고 무리하게 제안 하는 건 자제했다. 그 상태로 고등학교 입시 시즌을 맞았고, '추천으로 들어갈 수 있을 만한 고등학교'를 희망해 무사히 합격했지만 고등학교 입학 후 곧바로 등교 거부 상태가 되었다.

기존에는 본인에게 도움이 되는 상황을 구축함으로써 자연스럽게 등교에 대한 의욕과 갈등을 볼 수 있었지만, 그런 경우는 줄어들어 취약한 부분에는 손을 대지 않는 상태가 유지되거나 고등학교 입학 후에도 등교 거부가 계속되는 등 본질적인 개선이 일어나지 않는 사례를 경험하는 일이 많아졌습니다.

---

사례②
## 수학 시간이 있는 날은 쉬고 싶어 하는 아이

---

초등학교 1학년 여자아이. "수학 시간이 두 번 있는 날은 학교에 가고 싶지 않다"라고 말했고, 부모도 이를 받아들여 아이가 말하는 대로 학교를 쉬게 했다. 처음에는 '수학 시간이 두 번 있는 특정 요일'에만 쉬었으나 점차 다른 요일에도 쉬게 되었다.

최근에 나타나는 등교 거부의 특징 중 하나는 나이가 어려지고 있다는 것입니다. 또한 누가 봐도 '등교를 거부할 수밖에 없겠구나' 하고 느낄 만한 사정이 없어도, 작은 좌절에 부딪혀도 학교를 가지 않는 것이 자연스러워졌습니다. 게다가 '부득이한 사정'이 아님에도 불구하고 부모가 자녀를 학교에 보내지 않으려는 유형도 많이 볼 수 있게 되었습니다.

---

**사례③**

## 불손한 언행이 눈에 띄는 남학생

---

중학교 1학년 남학생. 교실에서는 얌전한 성격이었지만 등교 거부 상태에 이르면서 교실이 아닌 상담실로 등교하게 되었다. 상담실 책상 위에 발을 올려놓고, '이게 내 진짜 모습'이라고 말한다. 또한 다른 학생이 상담실을 이용하면 "얘가 있어서 싫다"며 집에 가거나 상담사에게 욕설을 퍼붓는 등 불손한 언행이 눈에 띈다.

이렇게 불손한 모습을 보이는 등교 거부 학생들도 예전보다 훨씬 증가했습니다. 예전에는 무언가 도움을 받으면 '감사하다'라는 태도를 보였지만 최근에는 '당연하다'라는 인식이 팽배해졌습니다. '감사하다'와 '당연하다'는 반대 개념이므로 아이들의 인식이 역전되었다고 볼 수도 있습니다. 자신의 불쾌함을 숨기려 하지 않고, 그것을 바탕으로 사물을 판단하는 모습도 두드러지게 나타나고 있습니다.

또한 이러한 버릇없는 행동은 가정 내에서도 강화되어 자기는 손 하나 까딱하지 않고 부모를 시킨다거나 생각대로 되지 않으면 폭언이나 폭력으로 상황을 바꾸려는 사례들도 예전보다 자주 볼 수 있게 되는 등 기존의 등교 거부에 대한 접근 방식만으로는 대처할 수 없는 사례들을 맞닥뜨리게 되었습니다.

## 이 책에서 목표로 하는 것

심리적인 문제나 과제에 대해서, 지원자가 전망과 계획을 갖고 지원을 진행시켜 나가기 위해서는 하나의 '스토리'가 필요합니다. 그 '문제나 과제'의 발생 배경, 본질, 개선 방향 등을 포함하는, 일단은 일관성 있는 스토리여야 합니다. 어째서 기존의 대응 방식으로는 개선이 어려운지, 왜 등교 거부의 연령대가 낮아졌는지, 작은 실수로 쉽게 부적응에 빠지게 된 이유는 무엇인지, 불손한 행동이 전면에 드러난 사례를 어떻게 파악하고 대응해 가야 하는지. 이런 상황을 설명할 수 있는 '스토리'가 있어야 지원자는 지원의 발판을 마련할 수 있게 됩니다.

이 책에서는 우선 학교 현장에서 증가하고 있는 아이들의 부적응 양상을 구체적으로 소개하고, 그와 관련이 깊은 특징과 환경에 대해 설명하고자 합니다. 또한 그러한 특징과 환경이 발생한 요인 중 하나로 사회문화적인 변화를 소개합니다. 그리고 제가 직접 대응해 '나름대로 효과가 있었다'라고 확인할 수 있는 지원 방침에 대해서도 설명할까 합니다. 이러한 전체적인 설명을 통해 '스토리'를 제시하는 것을 목표로 합니다.

# 등교 거부는 왜 늘어나는가?

여러분 안녕하세요. 칼럼을 담당한 고사카 야스마사(高坂康雅)라고 합니다. 저는 대학에서 심리학을 가르치고 있으며, 등교 거부나 등교 거부 경향이 있는 초등학생, 중학생을 대학교로 초대해 대학생들과 교류하게 하는 활동을 10년 이상 해 오고 있습니다. 공간의 문제도 있고 수용할 수 있는 학생 수가 한정되다 보니 참가인원은 언제나 만원입니다. 대기를 신청해 놓은 분들도 꽤 있습니다.

10여 년 이상, 지역에서 등교 거부 아동 지원 활동을 하면서 느끼는 것은 등교를 거부하거나 혹은 그런 경향이 있는 아이들이 점점 늘어나고 있다는 점입니다. 이는 제가 사는 지역에만 국한된 것이 아니며, 실제로 전국적으로 등교 거부와 등교 거부 경향의 아이들이 증가하고 있습니다. 문부과학성은 '어린 학생들의 문제 행동 및 등교 거부 등 학생 지도상의 문제에 관한 조사'를 해마다 실시하고 있습니다. 이는 등교 거부 관련 기본적인 데이터로 많이 활용되는 자료입니다. 가장 최근 자료인 2022년도 데이터를 보면 초등학생은 전국적으로 10만 5,112명, 중학생은 19만 3,936명이 등교를 거부한 것으로 집계되었습니다. 이 수치만 보면 많은 건지 적은 건지 감이 잘 오지 않지만, 초등학생과 중학생 전체 수로 보면 초등학생은 약 59명 중 1명, 중학생은 약 17명 중 1명이 등교하지 않는다는 계산이 나옵니다. 초등학생은 두 학급에 1명 정도, 중학생은 한 학급에 2~3명 정도는 등교 거부 학생이 있다는 것입니다. 이렇게 보면 의외로 등교 거부 학생이 많다는 사실을 확인할 수 있습니다.

그런데 흔히 등교 거부라고 하면 장기간 학교에 나오지 않는 아이를 떠올리지 않나요? 앞서 살펴본 조사에서 등교 거부란 '어떤 심리적, 정서적, 신체적 또는 사회적 요인이나 배경으로 인해 등교하지 않거나 또는 등교하고 싶어도 할 수 없는 상황에 있는 자이며, 1년 동안 30일 이상 결석한 자(단, 질병, 경제적 이유, 신종 코로나바이러스 감염 회피로 인한 경우 제외)'로 규정되어 있습니다. 초등학교나 중학교에서는 보통 1년 동안 29주 정도 수업을 진행하기 때문에 30일 이상 결석을 '등교 거부'로 간주한다는 것은, 예를 들어 매주 월요일은 쉬지만 화요일부터 금요일까지는 꼬박꼬박 학교에 출석하는 아이도 이 조사 방식으로는 '등교 거부'로 취급될 가능성이 있습니다. 또한 지각이나 조퇴, 보건실 등교는 결석이 아닌 등교로 간주되므로 지각이나 조퇴를 자주

하거나 본인의 교실이 아닌 보건실이나 별실(빈 교실 등)로 등교하는 아이는 적어도 이 조사에서는 '등교 거부'에 포함되지 않습니다. 하지만 그런 아이도 등교 거부 경향이 있는 것은 분명하기 때문에 조기에 대응하고 지원하지 않으면 등교 거부로 이어질 가능성이 높습니다.

그리고 2022년도의 등교 거부 학생 수는 10년 전과 비교하면 초등학생은 약 4.9배, 중학생은 약 2.1배 증가했습니다. 좀 더 구체적으로 살펴보면, 중학교 3학년은 6만 9,544명으로 10년 전에 비해 약 1.9배, 중1 갭⁴⁾이라 불리며, 특히 부적응이 발생하기 쉬운 시기인 중학교 1학년은 5만 3,770명으로 약 2.5배가 되었습니다. 초등학교 6학년은 약 4.4배인 3만 771명, 1학년은 약 7배인 6,668명입니다. 숫자로 보면 중학생이 압도적으로 많지만 증가율로 보면 중학생보다 초등학생이, 고학년보다도 저학년에서 등교를 거부하는 아이가 늘고 있다고 할 수 있습니다.

그렇다면 왜 이렇게 학교에 가지 않는 아이들이 늘어나는 것일까요? 앞서 소개한 문부과학성 조사에 따르면, 등교 거부의 원인은 '본인의 무기력 및 불안', '생활 리듬 붕괴, 놀이, 비행', '부모와의 관계',

---

4) 초등학교에서 중학교로 올라갈 때 기존의 생활과는 전혀 다른 분위기의 새로운 환경에 적응지 못하거나 수업에 따라가지 못해 등교 거부나 괴롭힘이 발생하는 현상을 가리키는 일본식 표현.

'집단 괴롭힘을 제외한 교우 관계 문제' 등을 들 수 있습니다. 그 밖에도 집단 괴롭힘, 학업 능력 부족, 엄격한 동아리 활동 등 등교 거부의 원인으로 생각할 수 있는 요인은 여러 가지가 있습니다. 하지만 심각한 괴롭힘이나 교사의 폭력 같은 지극히 명확한 요인이 존재하지 않는 이상 등교 거부의 원인은 잘 알 수 없는 것이 현실이라고 생각합니다. '잘 모른다'기보다는 다양한 요인과 배경이 복잡하게 얽혀 있어 딱 하나로 한정 지어 말할 수 없다는 표현이 더 정확할 수 있습니다. 게다가 그것이 아이 본인이나 부모·가족, 친구, 교사 등 특정한 누군가의 탓으로 돌릴 수 있는 것만이 아니라 시대적·사회적 배경도 관련되어 있다고 생각하면 더욱 복잡해집니다.

이를테면 1장에서는 등교 거부에 대해 '등교 자극을 주지 않는다', '천천히 쉬게 한다'라는 방침이 확산되었다고 쓰여 있습니다. 그런데 어쩌면 등교 거부 아이들 중에는 등교 자극을 주고 다소 무리해서라도 학교에 데려가면 그럭저럭 학교에 갈 수 있는 아이가 있었을지도 모릅니다(그것이 바람직하다고는 생각하지 않습니다만). 하지만 지금은 그렇게 하지 않기 때문에 학교에 가게 하려는 압박이 약해졌습니다. 또한 프리스쿨 같은 학교 외의 장소도 점점 많아지고 있습니다. 그중에는 온라인상에서 아바타를 통해 소통하고 공부하는 곳도 있습니다. 과거에는 학교에 가지 않으면 공부를 할 수 없고 또래 아이들과 어울릴 수도 없었지만 지금은 다양한 장소에서 자신에게 맞는 방식으로 공부도 하고 소통도 할 수 있게 되었습니다.

또한, 중학교에서 장기 결석을 하게 되면 학업을 따라가지 못해 성적이 나오지 않았는데, 요즘은 통신제 고등학교 등에서 성적이 부족한 아이들도 받아주기 때문에 고등학교에 진학할 수 있습니다. 그곳에서 학습하여 대학에 진학하는 아이들도 적지 않습니다.

또한 오늘날은 예전처럼 '더 높은 성적을 받아 학력 수준이 좋은(편차치가 높은) 고등학교나 대학교에 가는 것'이 반드시 사회적인 성공을 가져다주는 사회가 아닙니다. 대안책으로 가게 된 고등학교에서 학업이나 정서적인 면을 회복할 수 있다면, 굳이 힘들게 고생하면서까지 지금의 학교에 다닐 필요는 없다고 생각하는 아이들이 늘어나는 것도 당연한 것 같습니다.

이렇게 주변에서 조금씩 학교에 가지 않기를 선택하는 아이들이 나오면, 마찬가지로 학교 가는 것이 힘들고 교실에 있는 것이 괴롭다고 생각하는 아이들이 그 아이를 따라 학교에 가지 않는 선택을 하게 됩니다. 다른 사람이 하는 것을 보고 따라하는 것을 심리학에서는 '사회적 학습'이라고 하는데, 등교 거부에 대해서도 주변에 등교하지 않는 아이를 보고 같은 선택을 하는 아이도 있는 것입니다. 이렇듯 등교 거부가 문제시되고, 이에 대응하기 위해 사회가 변화해 가는 것이 결과적으로는 등교 거부를 증가시키는 요인과 배경이 된다고 생각할 수 있습니다.

하지만 저는 이런 사회를 나쁘게 생각하지 않습니다. 세상에는 겪지 않아도 되는 고통스러운 일들이 많기 때문에 아이들의 선택지가 늘어나는 것은 기본적으로는 좋은 일이라고 할 수 있습니다. 중요한 건 부모와 상담사, 학교가 함께 그 아이에게 가장 좋은 상태·환경을 함께 고민해 가는 것이라고 생각합니다.

제 2장

# 세상은
# '나'를 반대할 수 있다

# 1
# 뜻대로 되지 않는 것을
# 참지 못하는 아이들

뜻대로 되지 않는 상황에 대한 강렬한 거부감

최근 학교에서 나타나는 아이들의 부적응 특징 중 하나는 '뜻대로 되지 않는 것을 견디지 못하는 것'입니다. 이것만으로는 이해하기 어려울 것 같아서 몇 가지 사례를 들어보겠습니다.

---

### 사례①
### 수업 시간이 길어서 학교에 가지 않는 남자아이

---

초등학교 1학년 남자아이. 초등학교 입학 후 얼마 지나지 않아 등교를 거부하게 되었다. 이유는 "수업 시간이 길어서"라

고 한다. 학교 입장에서는 부모가 아이를 학교에 보내 주기
바라지만, 부모는 "본인이 싫어해서"라며 아이의 의견만 들
어주는 실정이다. 이런 식으로 들쭉날쭉한 등교가 계속되
면서 학년이 올라가도 그 경향은 쉽게 바뀌지 않았고, 원래
학업에는 문제가 없었음에도 불구하고 서서히 학력 저하가
일어나 그것이 다시 등교를 어렵게 하는 악순환이 반복되
었다.

---

### 사례②
### 불리한 상황에서 '왕따'를 주장하는 남자아이

---

초등학교 4학년 남자아이. 동급생과의 관계에서 자신의 요
구가 받아들여지지 않거나 부정적인 상황에서 "왕따를 당했
다"라고 주장한다. 이를테면 자신이 하고 싶은 놀이를 할 수
없거나, 피구를 하다가 공에 맞거나 하는 상황에서 그런 발
언을 하는 것을 볼 수 있다. 부모는 아이가 괴롭힘을 당하고
있다고 생각해 학교 측의 사과와 대응책을 요구한다.

이 두 사례는 상당히 다른 인상을 주는 것 같지만 공통점은
'뜻대로 되지 않는 상황'에 대해 불만과 거부감을 가지고 있다
는 점입니다. 사례②의 '하고 싶은 놀이를 하지 못한다' 같은

'뜻대로 되지 않는 상황'은 학교를 비롯한 사회생활을 하는 데 있어 피할 수 없는 것입니다. 하지만 최근 증가하고 있는 등교 거부나 학교 부적응을 보이는 아이들 중에는 이러한 상황에 대한 거부감이 핵심 요인인 경우가 있습니다.

왜 그들은 '뜻대로 되지 않는 상황'에 대해 이렇게까지 불쾌감을 느끼는 것일까요?

## 뜻대로 되지 않는 것을 수용하기 위해 필요한 경험

아이가 태어나서 한 살 정도까지는 바깥세상과 그다지 적극적으로 관계를 맺지 않기에 부모와 자식은 밀착된 관계 속에서 시간을 보내게 됩니다. 이 기간 동안 아이는 부모의 보살핌을 받으며 기본적인 신뢰감(세상에 대해 안심할 수 있다는 실감)을 키움과 동시에 자신의 행동 하나하나에 반응하고 대응하는 부모의 모습을 통해 능동적인 힘의 감각(적극적으로 세상을 향해 나아가는 힘. 자신감의 싹이기도 하다)을 체득해 갑니다.

아이가 한 살이 지날 무렵에는 걸을 수 있게 되는 등 신체적으로 다양한 발달이 이루어집니다. 이러한 신체적 발달에 기본적인 신뢰감과 능동성이 더해지면 '안전한 부모에게서 떨어져 바깥 세계에 접촉해도 괜찮다'라는 안도감을 가지고 바깥세상과 관계를 맺게 됩니다.

이렇게 한 살이 지나면서부터, 아이는 본격적으로 바깥세상과 접촉을 시도하는데, 이때는 아직 분별력이 없기 때문에 하지 말아야 할 행동을 많이 하게 됩니다. 돌아가는 선풍기에 손가락을 집어넣으려 하기도 하고, 계단에서 떨어질 뻔하거나 높은 곳에 오르려고 하는 등 부모를 깜짝 놀라게 할 일들을 태연하게 저지릅니다.

아이가 이런 위험한 행동을 하려고 할 때 부모를 중심으로 한 바깥세상이 해야 할 일은 아이의 행동에 대해 적절하게 '반대하는 것'입니다. 이 '세상으로부터의 반대'는 쉽게 말해 꾸짖는 것, 말리는 것, 충고하는 것 등을 의미합니다.

요즘은 아이를 '자유롭게 하게 해 주는 것이 좋다', '꾸짖는 건 기를 죽이는 것이다'라는 풍조가 있지만, 적절히 꾸짖고, 말리고, 충고함으로써 아이는 '마음의 성숙'을 얻을 수 있다는 사실을 이해해야 합니다.

아이가 사회적 존재로서 성숙해지기 위해서는 이러한 '세상의 반대'를 겪으며 현실에 맞게끔 자신을 조정하는 경험이 절대적으로 필요합니다.


심리학계에서는 영유아를 양육하는 어머니의 자세로 '충분히 좋은 엄마(Good enough mother)'가 중요하다고 합니다. 여기서 '충분히'란 아이에게 100% 완벽하게 반응하지 못해도 괜찮다, 그만하면 괜찮다는 의미입니다.

영유아기의 아이는 울음으로 여러 가지 불쾌감을 호소합니다. 하지만 말을 하지 못하기 때문에 무엇이 불쾌한지 정확히 알 수 없습니다. 부모는 이런 아이의 울음을 듣고 '배가 고픈가?', '기저귀가 불편한가?' 하고 다양하게 추측하며 대응합니다. 이 예측이 맞을 때도 있지만 당연히 빗나가기도 해 오히려 아이를 더 울리는 경우도 있습니다.

영유아기 자녀를 양육하는 부모에게 전하고 싶은 말은 이런 '아이의 마음을 짐작하려다가 실패하는' 경험은 '있어야 좋다'라는 것입니다('있어도 좋다'가 아니라 '있어야 좋다'라는 점이 중요합니다). 아이를 위해 열심히 노력했지만 아이의 뜻과 어긋나는 일이 전혀 없을 수 없고, 오히려 그런 경험이 '아이의 마음 성숙'에 더 큰 도움을 줄 수 있습니다.

부모가 모든 요구를 완벽하게 들어주면, 아이는 언제까지나 '자신의 욕구'와 '환경이 제공하는 것'의 차이에서 생기는 욕구 불만을 인내하는 힘을 기를 수 없습니다. 이러한 차이를 적당히 경험하는 것이 '아이의 마음 성숙'을 촉진하고, 나아가 현실을 직시하고 적절히 파악하는 힘을 높여 줍니다.

'자신의 생각'과 '환경이 제공하는 것'의 차이는 말하자면 '뜻대로 되지 않는' 현실을 경험하는 셈인데, 이러한 경험이 필요하다는 의미에서도 '충분히 좋은 엄마'가 되는 것은 중요합니다.

'충분히 좋은 엄마' 개념이나 꾸지람, 제지, 훈계 등의 경험을 통해 아이들은 '뜻대로 되지 않는' 경험을 쌓아갑니다. 이런 경험이 없으면 바깥세상으로 나가기 위해 필요한 능동적인 힘의 감각이 지나치게 커져 바깥세상에 대해 '내 뜻대로 되는 것이 당연하다'라는 전능한 감각으로 변질될 위험이 있습니다.

### 관계성 안에서 불쾌감을 받아들여 가는 것

'바깥세상에 맞춰 자신을 조정하는' 것은 아이에게 매우 유쾌하지 않은 경험이 됩니다. 그때까지는 울음 등의 행위를 통해 '환경을 바꿔 달라고 요구하는' 경험이 중심이었지만, 환경을 바꾸기 어렵거나 아이가 환경에 맞춰야 하는 상황이 점점 늘어나기 때문에 그 불쾌감은 자연스러운 반응이라고 할 수 있습니다.

여기서 강조하고 싶은 것은 이런 상황에서 발생하는 아이의 불쾌감을, '관계성 안에서 해소해 가는' 관계가 꼭 필요하다는 것입니다. '뜻대로 되지 않는 상황'에 적응하지 못하는 아이의 부모를 만나서 상담하다 보면, 이러한 자녀의 불쾌감을 부모가 아이와의 관계를 주도하지 못했다고 생각하거나 혹은 아예 아이를 '불쾌하게 해서는 안 된다'라는 생각에 사로잡혀 있는 경우가 많다는 것을 알 수 있습니다.

---

### 사례 ③
### 뙤약볕에 쓰러진 어머니

어린 유치원생. 자기 뜻대로 되지 않으면 다른 아이를 때리거나 큰 소리로 우는 행동을 보이는데, 한번 그런 행동이 발생하면 좀처럼 가라앉지 않는다. 그러나 가정에서는 그런 행동을 보이지 않는다. 유치원에 아이를 데리러 간 어머니는 곧장 집으로 가지 않고 근처 공원에서 아이의 '직성이 풀릴 때까지' 놀게 한다.

뙤약볕이 내리쬐는 어느 무더운 날, 아이의 '직성이 풀릴 때까지' 놀게 하다 보니 엄마의 컨디션이 나빠져 유치원에서 잠시 직원의 간호를 받았다.

---

### 사례 ④
### 데리러 오는 사람을 지정하는 아이

---

졸업반인 유치원생. 자기가 좋아하지 않는 활동 시간이 되면 교실을 나가려고 한다. 이를 막으면 큰 소리로 울면서 소

란을 피우는 행동이 끝없이 이어진다. 아이가 원하는 대로 해 주면 진정은 되지만 보육 교사 1명이 그 아이에게 온전히 달라붙어 있어야 해서 힘들다. 어느 날 아빠가 유치원에 아이를 데리러 왔는데, 아이는 '엄마가 데리러 와야 한다'라고 우겨서 아빠는 여동생만 데리고 돌아갔고, 잠시 후 엄마가 아이를 데리러 왔다.

아마 많은 가정에서 '우리는 아이의 요구를 그렇게까지 들어 주지 않는다', '부모의 사정에 맞춘다'라고 생각할 수도 있겠지만, 앞서의 두 사례는 부모가 아이에게 맞춰서 인내하고 조정하고 있다는 것을 알 수 있습니다. 이런 사례의 경우, 유치원에서의 행동을 부모에게 말해도 "집에서는 문제가 없어요"라는 대답이 돌아오기 일쑤인데, 그야 가정에서는 아이에게 맞춰 환경을 조정해 주니 문제점이 나타나지 않는 것은 당연하다고 할 수 있습니다. 이 상황에서 중요한 건 아이의 불쾌감이 생기지 않도록 환경을 조정하는 것이 아니라 '뜻대로 되지 않는 환경'을 맞닥뜨렸을 때의 불쾌감을 부모와 아이의 관계성 안에서 해소하고 달래면서 납득시키는 것입니다.

"하원 마중은 엄마가 오는 게 좋아!" 하더라도 "오늘은 엄마가 바빠서 어쩔 수 없어. 아빠랑 집에 가자"라고 이야기해서 데려가면 되고, 그때 발생하는 불쾌감은 "어쩔 수 없네" 하고 곤란해 하면서도 받아들여야 하는 것입니다.

이런 의견에 대해 '아이의 부탁이고, 들어줄 수 없는 것도 아닌데 들어주면 되는 거 아닌가' 하고 생각하는 분들도 있습니다. 하지만 제가 이 점을 강조하는 데는 이유가 있습니다. '뜻대로 되지 않는 환경에 맞닥뜨렸을 때의 불쾌감'을 부모 자식 관계 속에서 해소해 가는 작업은 분명 '아이가 어릴 때 하는 것이 더 쉽기 때문'입니다.

그 이유는 간단합니다. 부모가 '뜻대로 되지 않는 환경'으로 제지함과 동시에 '그 불쾌감을 해소해 주는' 1인 2역을 하기 좋은 시기는 초등학교 저학년 정도에서 끝나기 때문입니다. 부모가 "안 돼!" 하고 꾸짖어 불쾌감을 느끼더라도 어린아이일수록 꾸짖은 부모를 찾아 다시 의지하고 위로 받는 구도가 되기 쉽고, 이러한 '불쾌감+위로'의 세트를 통해 아이는 불쾌감을 해소하는 경험을 쌓아가는 것입니다.

하지만 아이가 여덟 살 전후가 되면 부모가 '뜻대로 되지 않는 환경'으로 다가오면 부모에게서 조금씩 멀어지기 때문에, '관계 속에서 불쾌감을 해소하는' 유형을 경험하기 힘들어집니다. 따라서 이러한 아이의 발달에 맞춰 부모와 학교는 아이를 꾸짖는 방법, 훈계하는 방법, 말리는 방법을 궁리하는 것이 중요합니다. 예를 들어 아이가 학교에서 꾸중을 들었다면, 그 말을 들은 부모는 아이의 마음을 받아주는 식으로 '가정과 학교의 연계'가 중요해지는 것입니다.

## '세상의 반대'를 적게 경험한 아이들

학교는 많은 아이들에게 '뜻대로 되지 않는 곳'입니다. 학교 규칙에 따라 행동이 제한되고, 또래 아이들 사이에서는 자기 마음대로 할 수 없으며, 정해진 시간에 정해진 학습을 해야 합니다. 이러한 학교의 속성이 바로 등교 거부의 원인이라고 생각하는 사람도 있을 수 있지만, 아직 어린아이들에게는 학교라는 '자기 뜻대로 되지 않는 곳'에서의 경험을 통해 불쾌감을 해소하고 환경과의 조화를 경험하는 측면도 있다는 사실을 잊지 말아야 합니다. 아이가 '사회적 존재로 성장'하기를 바란다면, 가정과 학교에서 경험하는 '뜻대로 되지 않는 경험'의 가치를 이해할 필요가 있습니다.

사례③과 사례④처럼 어릴 때부터 '세상의 반대' 경험이 부족하면 학교라는 공간이 주는 '속박'에 대해 불쾌감과 불만을 과도하게 느낄 가능성이 높아집니다(굳이 어린이집과 유치원의 사례를 소개한 것은 이런 이유 때문입니다). '세상의 반대'를 경험한 많은 아이들에게는 별로 문제되지 않는 '학교의 속박'이 그것을 경험하지 않은 아이들은 '참을 수 없는 불쾌감'으로 느낄 수 있는 것입니다.

한편, '내 뜻대로 되지 않는 것에 대한 불쾌감'은 외부와 내부 양쪽으로 향할 수 있다는 점에 유의해야 합니다. 불쾌감이 외부로 향하는 경우에는 "이렇게 시끄러운 곳에 있고 싶지 않다", "담임선생님이 내 말을 들어주지 않는다"와 같이 바깥세상이 자기 생각대로 되지 않는 것에 대한 불쾌감으로 표현됩니다. 내부로 향하는 경우는 "내가 머릿속에 그린 모습으로 있을 수 없는 것이 불쾌하다"라는 형태로 표출됩니다. 이상적으로 생각한 모습이 아닌 것에 대해 큰 불쾌감을 느끼고, 그런 불쾌감이 발생할 수 있는 상황을 회피하는 결과를 낳습니다.

물론 태어나 자라 오면서 '세상의 반대' 경험이 적은 아이라도 대부분은 학교라는 '뜻대로 되지 않는 곳'에서의 경험을 통해 성장하고 나름대로 학교 환경에 적응해 가기 마련입니다. 하지만 일부의 등교 거부를 비롯한 학교 부적응 문제는 '세상의 반대' 경험이 적어서 발생하는 것일 수 있습니다.

# '세상의 반대' 역할을 하지 않는 어른들

'세상의 반대'를 외주화하는 부모

꾸짖고, 말리고, 훈계하는 관계에 대해 "그런 건 당연히 하고 있다"라고 하는 사람도 많습니다. 하지만 저를 포함해, 많은 어른이 예상외로 '세상의 반대' 역할을 제대로 하지 못하고 있습니다. 우선은 꾸짖고, 말리고, 훈계하는 행위를 '외주화'하는 사례를 소개할까 합니다.

사례⑤
**도깨비에게 전화하게 하는 아버지**

30대 아버지. 세 살배기 아이가 잘못된 행동을 해서 혼을 내지만 아이는 좀처럼 사과하지 않는다. 사과하게 하는 것이 어렵고 꾸짖는 것도 귀찮아서, 어느 순간부터 혼을 낼 때면 '도깨비 전화'라는 앱을 이용해 도깨비한테 전화가 왔다며 아이를 겁주어 사과하게 한다.

---

### 사례⑥
### 점원이 화내니까 하지 마

---

어느 빵집에서의 일. 아이가 가게 안에서 계산하지 않은 빵을 만지려고 하자 어머니가 "점원이 화내니까 하지 마"라고 말하며 말렸다. 점원은 그런 행동은 부모가 꾸짖어야 한다는 생각에 '절대 화내지 말아야지' 했다고 한다.

사례⑤는 부끄럽지만 제 이야기입니다. 원래는 제가 부모로서 아이를 꾸짖어야 하는 상황에서, 도깨비한테 전화가 온다는 상황을 만들어 아이에게 사과하게 한 것입니다.

아이가 옳지 않은 행동을 했다면 꾸짖고, 못 하게 하는 태도를 통해 아이가 반성하도록 만들어 나가는 것이 부모로서 주어진 역할인데, 그것을 도깨비라는 두려운 존재를 이용해 '겁을 줘서 사과하게 하는' 것은 납득할 수 없는 일입니다. 또한 사례⑥도 부모가 말려야 하는 상황인데, '점원이 화를 내니까'라는 외부 요인을 가져와 말리려고 합니다.

이처럼 '부모가 해야 할 반대'를 자기도 모르는 새 외부에 위탁하는 경우가 있습니다. '세상의 반대'를 외주화할 때 가장 큰 문제점은 반대를 당할 때의 불쾌감이 '원래 반격해야 할 사람'을 향해 나오지 않는 것입니다. 부모의 반대로 인해 불쾌한 상황이라면, 부모에게 불쾌감을 드러내는 것이 자연스러운 흐름입니다. 하지만 부모가 반대 역할을 하지 않고 그 역할을 외부의 '빵집 점원'에게 돌림으로써 아이는 그 불쾌감을 부모와의 관계에서 해소하는 경험을 할 수 없게 됩니다. 이는 매우 안타까운 일입니다.

## 아이의 현실을 가공하는 부모

이런 외주 외에도 '세상의 반대'를 자기도 모르게 약화시키는 유형을 볼 수 있습니다.

---

### 사례 ⑦
### 소리 내어 읽기의 평가를 ◎로 바꾸다

---

초등학교 1학년 여자아이의 어머니. 책을 소리 내어 읽는 숙제가 있고 평가는 부모가 하게 되어 있다. 평가 기준은 ◎, ○, △의 3단계다. 아이의 낭독은 분명히 어설픈데, △로 평

가하면 울어서 감당이 안 되기 때문에 항상 ◎로 표시해 제
출한다.

아이와 함께 지내다 보면, 아이가 힘들어하는 상황이나 자극
이 무엇인지 훤히 알 수 있게 됩니다. 엄마 입장에서는 아이가
낮은 평가를 받았을 때의 반응을 예측할 수 있으니 소란스러워
질 상황을 회피하는 것입니다. 하지만 '소리 내어 읽기를 잘하
지 못했다'라는 평가는 분명한 현실입니다. 그 현실을 '가공'해
마치 아이의 낭독 실력이 높은 것처럼 평가해 전달하는 것은
아이가 자신의 능력을 잘못 인식하게 되는 결과로 이어집니다.
　가정에서 아이가 상처 입을 상황을 무의식적으로 회피하는
유형이 생기는 것은, 아이가 먹지 않는 채소는 식탁에 올려놓
지 않는 것처럼 어느 정도 어쩔 수 없는 일입니다. 다만 본인의
노력을 인정하면서도 현실에 기반한 평가를 하고 그 평가에 상
처를 받았다면, 그 상처 입은 마음을 관계 속에서 치유하고 지
지해 주는 것도 아이가 성장하기 위해서는 꼭 필요합니다.

## 아이의 환경을 조작하는 부모

현실 가공과 유사한 유형으로 아이의 환경
을 '조작'하는 것이 있습니다. 아이에게 불리하거나 불쾌한 환경

을 바꿔 버리는 방식입니다.

초등학교 5학년 여자아이의 어머니. 운동회의 부단장을 선출할 때 아이는 부단장이 되고 싶은 마음이 있었지만 출마하지 않았다. 집에 돌아와 어머니에게 "실은 부단장이 되고 싶었다"라고 말하자 어머니는 학교에 연락해 "우리 아이가 부단장이 되고 싶다고 하더라. 왜 먼저 물어보지 않았느냐. 부단장 선출 기회를 한 번만 더 달라"며 불만을 토로함과 동시에 무리한 요구를 해 왔다.

최근 자녀의 편의를 위해 환경을 '조작'하려는 학부모의 요구에 곤혹스러워하는 교사들의 이야기를 심심치 않게 듣습니다. 이러한 학부모의 요구를 '부모의 사랑은 맹목적'이라는 식으로 치부할 수는 없습니다. 왜냐하면 학교가 전체 아이들을 대상으로 모두 같은 조건에서 결정한 것을 뒤집으면, '정식으로 출마해서 부단장이 된 아이'가 피해를 보게 됩니다. 또한 거기서 발생하는 불만은 집단 괴롭힘의 요인이 될 수도 있기 때문에 부모의 요구는 받아들일 수 없습니다.

혹시 "자기주장을 잘하지 못해서 출마 자체가 어려운 사람도 있으니 그런 아이에게는 배려가 필요하지 않느냐"라는 의견이 있을지도 모르겠지만, 저는 그렇게 생각하지 않습니다.

부당한 방식으로 결정된 것이 아니라면, 그 아이에게만 특별한 배려를 할 이유가 없다면, 출마하지 못한 것은 어디까지나 그 아이의 책임입니다. '책임'이라는 단어를 무겁게 느끼는 사람도 있겠지만, 그 나이에 어울리는 책임을 느끼고 받아들이는 것은 사회적 성숙을 위해 꼭 필요한 부분입니다.

이 사례의 경우, 출마하지 못했다는 현실적 책임을 '아이에게 물어봐 주지 않은 선생님'의 탓으로 할 게 아니라 '출마하고 싶었는데 하지 못한 아이'에게 돌리는 것이 중요합니다. 아이에게 책임을 돌린다는 건 "그건 네 탓이야"라고 비난한다는 게 아니라 아이가 '출마하고 싶었지만 그렇게 하지 못한 자신'을 직면하는 데 따르는 다양한 감정(한심함, 자책감, 슬픔, 부러움 등이 있을 수 있겠지요)을 공감하며 받아들인다는 뜻입니다. 부모가 그러한 감정의 받침대 역할을 함으로써, 아이는 '출마하지 못한 것은 명백한 내 책임'이라는 현실을 받아들이기 수월해집니다.

그러한 경험을 통해 '일어난 일과 관련한 자신의 책임'을 제대로 받아들이고, 그런 상황을 초래한 자신의 특징을 제대로 바라보며 성장의 기회를 가질 수 있습니다. 요컨대 "비슷한 기회가 생기면 그때는 같은 실수를 하지 말아야지. 다음에는 출마하도록 노력하자" 하고 성장해 가는 계기가 되는 것입니다.

이런 성장의 기회를 빼앗지 않기 위해서라도 주변 어른들은 환경을 '조작'하는 것이 아니라 환경을 통해 아이가 겪는 경험과 그에 따른 감정을 '공감하며 받아들이는 것'이 필요합니다.

## 부정적인 관계는 감추고 사이좋음을 내세운 부모

'사이좋은 부모 자식'이라는 말을 들으면 이상적인 부모 자식 관계를 떠올리는 사람이 많습니다. 그러나 실제로는 그렇게 일괄적으로 단정할 수 없는 사례도 많습니다.

---

### 사례⑨
### 아이의 불쾌감이 두려운 아버지

---

초등학교 2학년 남자아이의 아버지. 아이는 6개월 정도 등교 거부 상태에 있다. 아버지는 아이에게 등교를 독려하는 말을 하는데, 그러고 난 뒤에는 반드시 아이가 갖고 싶어하는 장난감을 사 주거나 "같이 게임할까?" 같은 말을 건넨다. 아버지의 그런 대응에 어머니는 "아이의 비위를 맞춘다", "(아이가) 아빠를 가볍게 여긴다"라고 말한다. 이에 대해 아

버지는 "아이가 의기소침해져 있으면, 해서는 안 되는 일을 한 것 같아 신경 쓰인다", "아이의 기분이 나빠지는 것이 두렵다"라고 말한다.

최근 '사이좋은 부모 자식'이라는 말을 자주 듣는데, '사이좋은'이라는 말을 들었을 때는 그 관계가 '부정적인 것도 포함한 관계'인지 아니면, '부정적인 것을 배제한 관계'인지를 생각해 보아야 합니다.

자녀와의 관계는 '즐겁다', '밝다', '다정하다'와 같은 긍정적인 관계만으로는 성립되지 않습니다. 인간으로 태어난 이상 아이에게도 '분노', '불만', '슬픔' 등의 감정이 내재되어 있고, 부모와 자식의 사이는 부정적인 감정도 주고받을 수 있는 관계인지가 중요합니다.

하지만 사례⑨에서와 같이 아이가 불쾌감을 느끼는 것을 부모가 기피하는 경우에는 당연히 부모 자식 사이에 부정적인 감정을 주고받기가 좀처럼 쉽지 않고, '세상의 반대'를 일상적으로 겪어가는 것도 곤란해지는 경우가 많습니다.

또한, 아이는 이러한 부모의 '두려움'을 민감하게 알아챕니다. 부모의 두려움을 눈치챈 아이는 자신의 불쾌감을 이용해 부모를 통제하려고 할 위험이 있습니다.

반대할 줄 모르는 교사

지금까지는 부모가 자녀에게 반대하지 못하는 사례들을 살펴보았는데, 이런 사례는 비단 부모에게만 국한된 것은 아닙니다. 최근에는 교사에게서 비슷한 유형이 발견되기도 합니다.

---

**사례 ⑩**
## 여러 가지 일을 묻지 않고 처리해 온 담임교사

---

초등학교 4학년 남자아이의 담임교사. 아이는 특별한 사정이 없음에도 불구하고 숙제를 해 오지 않는 것이 일상화되었다. 본인과 부모도 그 사실을 알고 있었지만, 담임교사는 2년 동안 지적하지 않았다. 부모는 "우리 아이를 잘 이해해 준다"며 담임교사를 마냥 좋게 생각했다. 또한 이 아이가 하급생에게 거친 행동을 해 문제가 되었을 때는 관리자가 담임교사에게 아이를 지도해 달라고 말했지만 "그렇게 큰 문제가 아니다"라며 거부했다. 새 학년이 되면서 담임교사가 바뀌었고, 새 담임교사는 다른 아이에게 하는 것과 마찬가지로 이 아이에게도 주의를 주고 숙제를 제출할 것을 요구하자, 아이는 결석이 눈에 띄게 잦아졌고 부모는 새 담임교

사의 지도 방식에 문제가 있다고 주장한다.

이 사례는 저학년 때부터 숙제를 하지 않고 다른 아이들과 문제가 있어도 과거의 담임교사가 별다른 주의를 주지 않은 것에 대한 대가를 새 담임교사가 치르게 된 상황입니다. 숙제를 하지 않아도 괜찮고, 잘못된 행동을 해도 주의를 받지 않는 틀에 익숙했던 아이와 그 부모가 새 담임교사의 방식에 불만을 느끼는 건 자연스러운 현상이라 할 수 있습니다. 설령 새 담임교사의 방식이 지극히 당연한 처사였다고 해도 말입니다.

아이의 연령대에 알맞은 '자연스러운 틀'을 제시하지 않는 것은 무책임한 행동이라고 생각합니다. 물론 아이는 그 자리에서 자신의 문제를 지적받지 않기 때문에 불만을 표시할 일이 거의 없습니다(담임교사를 무시하고 학급이 어수선해질 수는 있음). 하지만 그런 불만을 주고받지 않고 '미루기'만 한다면, 고학년이 된 아이를 기다리고 있는 건 '틀에 적응하지 못한 나'와 '바꿀 수 없는 틀'입니다.

사회적 성숙을 촉진하는 학교라는 장소는 아이에게 '그 나이에 맞는 자연스러운 틀'을 제시하고 그 틀과 충돌하면서 발생하는 아이의 반응을 받아들이는 것이 중요합니다. 물론 부모도 이러한 학교의 기능에 대한 이해를 높여야 합니다.

## 혼난 적이 없는 담임교사

초등학교 4학년 담임교사. 3학년까지는 별다른 문제가 없는 학급이었는데, 새 학년이 되고 담임교사가 바뀌면서 2학기 초부터 아이들의 사담과 자리 이탈이 늘어났고, 결국 지역 내에서 상위권이던 학급 성적이 하위권으로 떨어졌다. 이는 아이들의 지나친 언행과 자리 이탈에 대한 주의 및 지도가 이루어지지 않은 탓이라며, 학교 관리자가 담임교사에게 '아이들을 그 자리에서 지도할 것'을 촉구했지만, 담임교사는 "나는 혼나 본 적이 없어서 어떻게 혼내야 할지 모르겠다"며 아이들과의 관계 방식을 바꾸지 못해 어려움을 겪었다.

사례⑪의 교사처럼 아이들에게 '반대'하지 못하는 어른들은 어쩌면 본인이 어린 시절에 '반대' 당한 경험이 적었을지도 모릅니다.

사람들은 어떤 행동의 기준을 자신이 어렸을 때 경험한 것에 근거해 돌려주려는 경향이 있습니다. 타인의 친절을 경험한 적이 별로 없는 사람은 아무래도 다른 사람에게 친절을 베푸는 행위가 어려울 것이고, 꾸중을 들어본 경험이 없는 사람은 타인을 꾸짖을 때 어떻게 행동해야 하는지 잘 모를 수 있습니다.

'세상의 반대'를 별로 경험해 보지 않은 채, 아이들에게 틀을 제시해야 하는 교사라는 직업을 선택한 사람은 다른 사람보다 어려운 길을 선택한 셈입니다. 하지만 눈앞의 아이들이 사회적으로 성숙해지기 위해 필요한 것들을 스스로 익혀 나가는 것이 직업적으로 필요하고, 아마도 많은 사람이 그 지원을 해 주리라 생각합니다.

지금까지 '세상의 반대' 역할을 제대로 하지 못하는 부모와 교사의 사례를 이야기했습니다. 하지만 '세상의 반대' 자체는 보호자나 교사 및 상담사 같은 지원자만이 아니라 사회 전체가 함께하는 것입니다. 이웃집 아저씨나 전혀 모르는 타인에게 주의를 받는 것, 호락호락하지 않은 사회적 규칙 등 모든 것이 '세상의 반대' 역할을 하는 셈입니다. "아이를 키우려면 온 마을이 필요하다"라는 말의 의미가 바로 그런 것이 아닐까요?

다음은 이러한 '세상의 반대'가 적어서 아이들에게 발생하는 부적응에 대해 이야기할까 합니다.

# 3
# 부정적인 자신을
# 받아들이지 못하는 아이들

## 나한테 체크 표시(✓) 하지 마

아이를 꾸짖거나 훈계하는 장면이라 함은
기본적으로 아이가 무언가 좋지 않은 일을 한 상황이라는 뜻입니
다. 따라서 그러한 쓴 소리, 즉 '세상의 반대'를 경험하는 일이 적
다는 건 아이가 '좋지 않은 점'을 지적 받을 기회가 적다는 의미
가 됩니다. 이번에는 '좋지 않은 점'을 지적 받을 기회가 적어서
발생하는 문제에 대해 자세히 알아볼까 합니다.

"모두 달라도 괜찮아"라는 말을 들을 기회가 많아진 요즘, 정
말 맞는 말인 것 같습니다. 바꿔 말하면, 다른 사람보다 '잘 못
하거나', '부족하거나', '잘하지 않아도' 괜찮다는 것입니다. 이

런 측면까지 포함해 '존재를 인정하는' 것이 중요하다는 건 두 말할 필요도 없겠지요. 하지만 어른들이 아이의 '부정적인 측면'을 은폐하고, 감추고, 가공하는 바람에 자신의 부정적인 면을 직면하는 데 어려움을 겪는 아이들을 보게 되었습니다.

---

### 사례⑫
### √를 ☆로 바꾼 초등학생

---

초등학교 1학년 여자아이. 인지적인 문제는 보이지 않는다. 어느 날 시험에서 틀린 문제에 '√'를 받아 집에서 울고 있어 난처하다는 부모님의 전화가 걸려 왔다. "체크 표시(√)를 하지 말아 달라"는 요구에 담임교사는 '√' 대신 틀린 문제에 '☆'을 표시하도록 했다. 그 후 학부모로부터 "별 표시가 있어서 아이가 좋아한다"라는 연락이 왔다.


사례⑫는 문제를 틀렸을 때 생기는 분노, 불만, 속상함 등의 불편한 감정을 어떻게 해소해 나갈지가 중요한 상황인데, 부모는 아이에게 불편한 감정 자체가 생기지 않도록 '현실을 가공' 하고 있다는 것을 알 수 있습니다. 부모가 굳이 "체크 표시(√)를 하지 말아 달라"고 학교에 요구하는 것으로 보아 이미 가정에서도 아이가 듣기 거북한 정보는 멀리했을 가능성을 생각해 볼 수 있고, 불쾌한 정보에 직면했을 때의 괴로운 감정을 관계 안에서 해소하지 못했음을 엿볼 수 있습니다.

덧붙여, 저는 학교 입장에서 '체크 표시(√)'를 '별 표시(☆)'로 바꾼 것도 문제가 있다고 생각합니다. 물론 부모와의 관계를 비롯한 여러 사정이 있겠지만, 그럼에도 다른 아이들과 마찬가지로 틀린 문제에는 '√'를 표시하고, 그로 인해 발생하는 불쾌감을 아이가 교사나 주변 어른들과의 관계 속에서 해소하는 경험을 쌓게 하는 것이 중요합니다.

하지만 혹시 '굳이 그렇게까지 하는 건 가혹하다', '초등학생인데 그럴 수도 있지 않나' 하고 생각하는 분들도 있을지 모르겠습니다. 그래서 다음 사례를 소개합니다.

---

### 사례 ⑭
### 자신을 지목하지 말아 달라고 호소하는 고등학생

---

고등학교 1학년 여학생. 수업 시간에 교과 담당 교사가 차례대로 학생들을 지목하면서 이 여학생의 차례도 돌아왔지만 답을 하지 못했다. 수업이 끝나고 여학생은 교사에게 가서 "저를 시키지 말아 주세요"라고 호소했다. 교사는 다른 학생들과의 형평성에 어긋나기 때문에 1명에게만 다르게 대할 수는 없으며, 굳이 그 1명을 지목하지 않는 것이 오히려 부

자연스럽지 않겠냐는 우려를 전달한다. 여학생은 그 자리에서는 물러났지만, 그날 저녁 여학생의 어머니가 학교에 전화를 걸어 "우리 애를 시키지 말아 주세요"라고 요구한다.

이것은 고등학생의 이야기지만 앞서 소개한 사례와 거의 비슷한 내용입니다. 비슷한 내용이지만 연령이 높아진 것만으로도 인상이 꽤 달라지지 않나요? 제가 사례⑫의 초등학생이 보이는 반응을 걱정스럽게 느끼는 이유와 돌 지난 어린 나이일 때부터 '세상의 반대'를 겪는 경험을 중시하는 이유는 고등학생 이상의 나이가 되어서도 부정적인 자신을 인정하지 못하는 사람을 볼 수 있기 때문입니다.

부정적인 자신을 맞닥뜨렸을 때 그런 면 또한 나의 일부라고 인정하기 위해서는 그만한 '마음의 힘'이 필요합니다(이러한 마음의 힘을 심리학에서는 '자아 강도'라고 부르기도 합니다). 이 마음의 힘은 타고난 능력도 영향을 미치지만 어릴 때부터 그 나이에 맞는 '심리적 충격'을 경험하고 그 심리적 충격을 가까운 어른들과의 관계 속에서 해소하는 연속적인 경험군도 중요하게 작용합니다.

심리적 충격이라고 하면 과장된 인상을 받을 수 있는데, 실은 별거 아닙니다. 그 나이 또래 아이들 대부분이 겪는 실패를 경험하게 하는 것뿐입니다(예컨대 걸음마 하는 아이가 넘어지는 경험). 사례⑬의 교사에게 지목 당하고 답을 하지 못하는 상황은 그 또래의 아이들이 자연스럽게 경험하는 심리적 충격 중 하나라고 할 수 있습니다.

## 부정적인 자신을 인정하지 못하는 아이들의 특징

아이들이 이처럼 부정적인 자신을 인정하지 못하는 특징이 있더라도 학교를 비롯한 사회생활에 어느 정도 적응하고 잘 지내고 있다면 크게 문제 삼을 필요는 없을 수도 있습니다. 그런데 이러한 특징이 발단이 되어 등교 거부에 이르는 사례가 최근 늘고 있습니다.

---

사례⑭
### 특정 과목 수업 시간이면 몸의 컨디션이 나빠지는 여자아이

---

초등학교 4학년 여자아이. 성적은 평균. 학년이 올라간 뒤 어떤 과목의 특정 단원에서 어려움을 느낀 이후로 그 과목을 앞둔 쉬는 시간에 복통을 호소하는 일이 많아졌다. 그러다 서서히 시간표에 그 과목이 있는 요일은 아침에 학교에 가기를 거부했다. 담임교사가 어머니에게 이런 상황을 전달하자 "본인이 싫다고 하면 쉬게 해 달라"라는 반응을 보인

다. 조퇴 횟수가 늘면서 그동안은 잘 따라갔던 과목이나 단원도 자신 없어 하며 기피하는 경향이 생기거나 행사 연습에 참여하지 못하는 경우가 많아져 그 결과 또 다른 조퇴나 결석의 이유가 되고 있다.

이처럼 부정적인 자신을 인정하지 못해서 그 상황을 회피하는 것으로 판단되는 경우에 그저 안이하게 편히 쉬게 하는 방침을 선택하는 것은 생각해 볼 문제입니다. 상황을 회피한다고 판단할 경우, 그 상황이 일시적인 것이라 피하기만 하면 끝나는 것인지 아니면 회피함으로써 더 큰 문제를 불러올 수 있는 것인지 잘 따져 보는 것이 중요합니다. 이 사례에서는 상황을 회피한 뒤에는 더더욱 자신이 처리할 수 없는 상황이 되기 때문에 조퇴나 결석이 증가하는 것은 당연한 결과라고 할 수 있습니다.

근래 들어 등교 거부 학생의 연령이 낮아지고 있다는 사실이 지적되고 있습니다. 이런 등교 거부의 저연령화 요인 가운데 하나로 이러한 부정적인 자신을 인정하지 못하는 특징이 있을 거로 예측합니다.

초등학교 1학년처럼 새로운 사회에 진입하는 경우, 앞서 언급한 뜻대로 되지 않는 상황에 대한 거부감이 심한 사례들을 꽤 볼 수 있습니다. 문제는 거기서 그치지 않고, 학교에서 본격 적인 학습을 시작하면 아이가 공부를 어려워하는 상황이 발생 합니다. 공부를 어렵게 느끼는 상황은 곧 부정적인 자신을 마 주하는 경험인데, 이 경험에 대한 내성이 부족한 채로 초등학 생이 된 아이들이 많아지는 것입니다. 특히 초등학교 3, 4학년 이 되면 학습 내용이 질적으로나 양적으로 모두 상승하기 때문 에 학습에 대한 어려움을 느끼는 아이들이 많아지고, 이것이 등교 거부로 이어지는 사례를 볼 수 있습니다.

과거의 등교 거부 문제에는 성적에 문제가 없고 공부를 잘하 는 사례도 나름대로 존재했습니다(지금도 그러한 등교 거부 아동이 소수 존재함). 하지만 부정적인 자신을 받아들이지 못하는 등교 거부의 경우, 사례에 따라 차이는 있지만 공부에 대한 의욕도 저조한 사례가 많습니다.

좀 더 자세히 말하자면, 부정적인 자신을 인정하지 못하는 특 징을 가진 아이들의 경우, 원래 성적이 좋거나 교사에게 '똑똑 하다'라는 평가를 받은 아이들도 적지 않습니다. 하지만 그 아 이들은 모르는 문제를 만날 때 받는 심리적 충격을 피하고 싶 어 하기 때문에 그러한 충격을 견디며 끈기 있게 문제를 풀지 않습니다. 모르는 문제를 마주하고 풀어가기 위해서는 어떻게

든 그 문제를 풀지 못하는 '부정적인 나'를 접해야 하는데, 그것이 이들에게는 너무나 괴로워 견딜 수 없는 것입니다. 따라서 그들은 원래 머리는 좋아도 성적이 떨어지는 우울감에 빠지게 되고, 그런 초라한 자신의 모습을 인정하는 것 자체가 또다시 괴로워 견딜 수 없는 것입니다.

## 배움의 전제는 미숙함에 대한 부전감

사상가이자 무도가인 우치다 다쓰루(内田樹) 선생은 '자신의 무지와 유아성이 자신의 성숙을 방해하는 게 아닐까' 하는 막연한 불안이 배움의 출발점이라고 했습니다. 자신의 미숙함을 고민하는 사람만이 길잡이(선생님이나 스승)를 만날 수 있고, 그 만남을 통해 그동안의 가치관이나 세계관이 재설정되어 돌파구가 생깁니다. 그렇게 '배움'이 시작되는 것입니다.

이것은 생각해 보면 당연한 일입니다. '나는 미숙하다'라는 전제를 품을 수 없는 사람은 미숙하지 않은 셈이니 배울 필요가 없는 것입니다. '나는 미숙하다'라는 인식으로 인해 자신에게 무엇이 부족한지, 어디를 개선해야 좋을지, 어떤 수단이 필요한지를 현실적으로 생각할 수 있습니다.

배움의 의욕을 이야기할 때 '이해했을 때의 기쁨'을 꼽는 사람도 많은데, 이 기쁨이 의욕으로 기능하는 것도 어디까지나

'미숙함에 대한 부전감(不全感)<sup>5)</sup>'을 느끼는 사람에게만 해당됩니다. 자신의 미숙함에 막연한 불안을 느끼고, 불안을 해소하기 위해 무언가를 배운 결과 미숙함이 해소되고 눈앞이 트이는 듯한 느낌을 갖는다는 것이 '배움의 흐름'입니다. 물론, 일단 미숙함이 해소되었다 하더라도 이번에는 한 단계 성숙했기 때문에 보이는 미숙함이 또다시 눈앞에 나타나게 됩니다. 이 반복되는 '배움'이라는 경험들은 비단 공부만이 아니라 모든 성장의 기회에 공통된 부분입니다.

제가 우려하는 것은 부정적인 자신을 인정할 수 없는 상태가 되면 이러한 배움의 기본적인 과정 자체가 생겨나지 않게 된다는 점입니다.

부정적인 자신을 인정할 수 없다는 건 바꿔 말하면, 자신의 미숙함으로부터 눈을 돌리는 것입니다. 자신의 미숙함을 외면하는 사람에게 있어서 학교는 미숙하다는 '부전감을 해소하는 곳'이 아니라 듣고 싶지 않은 정보를 부여받는 곳이 되고, 교사는 '미숙하다는 부전감에서 해방시켜 주는 길잡이'라는 존경의 대상이 아니라 불쾌한 정보를 주는 사람으로 전락해 버립니다.

---

5) 정확히 설명하기 어려운, 완전하지 않은 감각.

등교 거부의 요인 중에는 "학교가 재미없다", "공부만 시킨다"라는 의견도 있습니다. 그렇기에 학교는 '매력적인 학교로 만들자', '알기 쉽게 가르치자', '학생 스스로 학습 내용을 선택할 수 있도록 하자' 등 다양한 노력을 기울이고 있습니다. 물론 이러한 학교 측의 노력도 중요하지만, 배움의 주체인 아이들의 '배움에 대한 기본적인 태도의 문제'가 의욕을 저해하고 있을 가능성을 냉정하게 생각해 볼 필요가 있습니다.

## 현실의 나보다 더 나은 '완벽한 자아상'

자 그럼, 부정적인 자신을 인정하지 못하는 모습에 대해 조금 더 자세히 살펴보겠습니다. 왜 그들은 부정적인 자신을 접하는 것이 그토록 괴로운 걸까요?

부정적인 정보를 받은 경험이 적거나 부정적인 정보를 받았을 때의 불쾌감을 어른과의 관계에서 해소하는 경험을 하지 않고 자란 아이는 자신에 대한 이미지를 만들 때 '실패는 없다', '혼날 만한 일이 없다', '여러 가지 일을 능숙하게 할 수 있다'와 같은 좋은 면만 가지고 자아상을 구성하게 됩니다. 부정적인 정보가 적은 자아상은 아무래도 현실 속 모습보다 우수한 존재로 자신을 그리기 쉽고, 결국 아이는 현실의 나보다 더 나은 자아상을 갖게 됩니다.

초등학교 3학년 남자아이. 그동안은 특별히 문제점을 지적당한 적이 없었지만, 언제부턴가 특정 과목 시간이 되면 울적해지기 시작했다. 담임교사의 말에 따르면, 그 과목에서는 자꾸 실수를 한다고 한다. 학교 상담사와의 면담에서 자신 있는 과목은 전 과목이고, 50미터 달리기에서는 일등을 했다(사실 아님)고 말하며, 좋은 점수를 받은 시험에 대해서는 적극적으로 이야기(이 과목은 100점이었음)하는 반면, 그렇지 않은 시험에 대해서는 이야기하지 않는다.

이 사례는 현실의 나보다 더 나은 자아상을 가졌다는 것을 단적으로 보여주고 있습니다. 이런 아이들이 지닌 언행의 특징은 좋은 일에 대해서는 적극적이고 구체적으로 말하려 하는 점, 부정적인 일에 대해서는 말하려고 하지 않고 설령 그것이 화제에 오르더라도 최대한 말을 아끼며 화제를 바꾸려고 하는 점, 눈앞에 있는 사람이 자신의 상황에 대해 잘 알지 못한다면 실제보다 자신을 좋아 보이게끔 하려는 점 등을 들 수 있습니다.

물론 어느 정도 현실의 나보다 우수한 자아상을 갖는 것은 자주 있는 일이고, 오히려 바람직한 일이라고 여겨집니다. 성장의 동기부여가 되기도 하고, 적절한 목표로 기능하는 것도 기대할 수 있기 때문입니다. 하지만 '세상의 반대' 경험 없이 구축된 현실의 나보다 더 나은 자아상은 아무래도 현실의 나와는 거리가 먼 '완벽한 자아상'인 경우가 많습니다.

---

**사례 16**
## 의대를 고집하는 고등학생

---

고등학교 3학년 여학생. 의대를 지망하지만 학습 의욕은 낮고 모의고사 결과에서도 합격이 어렵다는 판정이 나왔다. 담임이 그 사실을 전달하자 아이는 "의대 말고는 생각하지 않는다"라고 말하고, 의대 외에 의학 관련 학부에 대해서도 "의사가 아니면 의미가 없다"라고 받아들이지 않는다. 그러면서 점점 결석이 늘어나 학교 상담사가 면담을 했다. 부모는 "우리는 의대를 부추긴 적이 없는데 왜 이렇게 집착하는지 모르겠다"라고 한다. 지망 학교에 대한 부모의 걱정과 우려를 여학생에게는 아직 말하지 못했다.

이처럼 극단적으로 높은 목표에 집착하거나 자신의 성적과 동떨어진 상위권 학교를 지망하는 아이는 예전부터 있었습니다. 이런 아이들의 상태는 '부모가 아이에게 과도한 기대를 하고 있다', '부모가 아이의 우수한 점만 받아들여 왔다'라는 점에서 비롯된다는 견해가 있습니다. 저 자신도 어느 정도 이런 시각에 동의하고, 실제로 그런 사례가 많았던 시절도 있었습니다.

하지만 사례⑯과 같이 아이는 '우수한 자신'에게 집착하고 있지만 부모는 아이에게 그만큼 뛰어난 모습을 요구하지 않는다는 사례가 늘고 있습니다. 물론 "실제로는 어떨지 알 수 없다"라는 의견도 있습니다. 당연히 그 집안의 자세한 사정까지는 알 수 없으니까요. 부모의 자각 여부와 상관없이 부모가 자녀에게 사회적으로 우수한 모습을 요구하는 것은 그 나름대로 이해할 수 있는 일이고, 그런 부모의 요구를 자녀가 스스로 알아채는 경우도 있습니다.

다만, 이런 사례들을 접하면서 느끼는 건 부모는 적어도 표면상으로는 자녀에게 잔소리해 가며 사회적으로 우수한 모습을 요구하지 않는다는 것입니다. 그런 반면, 자녀가 '현실의 나'와 동떨어진 자아상을 품었더라도 부모는 그 점에 대해 의문, 불안, 걱정, 우려를 자녀에게 말하지 못한다는 공통된 유형이 있습니다.


아이의 모습에 대한 의문, 불안, 걱정, 우려는 바로 '세상의 반대'가 되지만("너, 이대로 괜찮겠어? 부모로서 걱정이네" 하는 느낌),

이 반대로 인해 아이들은 자아상을 현실에 가까운 모습으로 하향 조정할 수 있는 기회를 얻게 됩니다. 지나치게 높은 자기 평가에 찬물 세례를 당해 화는 나지만 냉정하게 '현실'과 '자신의 모습'을 비교하며 되돌아보는 계기가 되고, 앞으로 겪게 될 찬물 세례를 견딜 수 있는 경험치가 증가하게 된 셈입니다.

이러한 하향 조정은 지금까지 사회가 담당해 온 면이 있었습니다. 고등학교와 대학교의 입시와 취업 시험 등의 선별을 통해 아이들은 "내 실력이 고작 이 정도였나…" 하는 다소 서글픈 평가를 시간을 들여 천천히 받아들이고 있는 것입니다.

그러나 가정을 포함한 사회 전체가 이러한 하향 조정을 하지 않게 되었습니다(이 점은 제3장에서 상세히 설명하겠습니다). 아이들은 유아기 시절부터 간헐적으로 있어야 할 하향 조정의 기회를 놓치게 되고, 그 결과 '좋은 점으로만 구성된 자아=완벽한 자아상'을 유지하게 됩니다. 그리고 '완벽한 자아상'이 훼손되거나 상처받는 상황이 되면 참을 수 없는 고통을 느끼는 구조가 생겨난 것입니다.

사례⑯에서 일어난 일은 추측해 보건대 유아기 시절부터 필요한 하향 조정을 하지 못한 환경과 그로 인해 생긴 완벽한 자아상(의대, 의사가 아니면 안 됨)과 그러한 자아상이 훼손되는 상황의 회피(조언을 받아들이지 못함, 결석 증가)에서 기인한 것이 아닐까 생각합니다.

그런데 어째서 만능이라고 말할 정도로 현실의 나와 괴리되는 것일까요? 단순히 하향 조정의 기회가 없었다는 이유만으로 '만능'이 되는 걸까요?

우선 '세상의 반대'는 현실의 나에 입각해 이상적인 모습을 제시받는 기회라고 할 수 있습니다. 예를 들어 컵을 치우지 않았다고 야단맞은 아이가 "다 쓴 컵은 치우는 게 좋은 거구나"라는 식으로 '현실의 나(컵을 치우지 못한 나)'보다 '살짝 높은 이상적인 모습(컵을 치우게 된 나)'를 갖게 되는 것입니다.

이렇게 제시된 '지금의 나보다 살짝 높은 수준의 이상'을 내면에 품은 아이는 그렇게까지 만능이고 과장된 자아상을 갖지 않습니다. 현실 관계에서 자기 것으로 만든 이상적인 모습은 현실의 자신과 괴리되지 않습니다. 참고로 부모가 제시하는 이상이 현실의 자녀보다 지나치게 높을 위험은 현실 관계에서 그런 지나치게 높은 이상을 아이가 자기 것으로 한다는 점입니다.

'세상의 반대'가 적다는 것은 이러한 '현실 관계에서 자기 것으로 만든 이상적인 모습', '현재의 자신보다 조금 높은 수준의 이상'을 제시받지 않고 자란다는 의미입니다. 그리고 이런 이상을 갖지 않는 아이는 아무래도 사회에 유포된 가치관을 흡수해 자신의 이상적인 모습을 구축해 가는 것 같습니다. 예를 들어

'점수가 높다', '남보다 뛰어나다', '힘이 세다'와 같이, 수치화할 수 있거나 미숙한 가치관으로도 쉽게 이해할 수 있는 잣대로 측정할 수 있는 기준을 도입하는 것입니다.

한 등교 거부 학생의 어머니는 "SNS를 계속 보다 보면 화려한 모습이 삶의 기준이 되지 않느냐"라고 말했는데, 물론 그럴 수도 있습니다. SNS 속 모습은 비일상적인 순간을 포착한 것이 많은데, 그런 정보에 계속 노출되면 자신과 동떨어진 모습을 기준으로 삼게 될 위험이 있습니다. 이것도 사회에 유포된 가치관의 일부라고 할 수 있습니다.

이렇게 현실의 나와 무관하게 구축된 사회에 유포된 가치관에 기반한 이상적인 모습은 현실의 나와 괴리된 비정상적으로 뛰어난 모습이 되어버리는 것은 아닐까요? 이건 어디까지나 가설에 불과하지만, 이 책에서 문제 삼고 있는 완벽한 자아상을 가진 아이들의 마음속에는 이런 구조가 생겨나는 것 같습니다.

## 마음속 깊은 곳에 자리한 좌절감

완벽한 자아상을 가진 아이들도 학교를 비롯한 사회적 상황을 통해 객관적인 사실과 평가의 벽에 부딪히는 경험을 하게 됩니다. 하지만 어릴 때부터 '부정적인 나'를 공유하는 관계를 경험하지 않은 아이들은 완벽한 자아상에 어울리지 않는 자신의 모습을 받아들이기 어려워 큰 혼란을 겪습니다. 그러한 모습은 때로는 자존심이 강하고 버릇없어 보이기도 하지만 실상은 완벽한 자아상을 갖기 위해 현실의 나를 부정할 수밖에 없는 안타까운 상황이라고 할 수 있습니다.

결과적으로 그들은 완벽한 자아상에 어울리지 않는 현실의 나를 마음속 깊은 곳으로 밀어넣게 됩니다. 이는 그들이 마음속 깊은 곳에 누구에게도 표현할 수 없는 좌절감을 갖는다는 것을 의미합니다. 그렇게 그들은 마음속 깊은 곳에 자리한 좌절감을 그대로 봉인하거나 그것을 느낄 만한 상황을 회피하거나 완벽한 자아상에 집착하거나 할 수밖에 없는 것입니다.

### 사례 ⑰
## 모의고사 문제지를 미리 구입하는 고등학생

입시 결과가 우수한 명문고 남학생. 1학년 때부터 전국 모의고사에서는 만점을 받지만 교내 정기 고사에서는 낮은 점수를 받고 수업 중 실시하는 쪽지 시험은 백지를 낸다. 학부모가 알려 준 정보를 통해 이 학생이 인터넷 사이트에서 전국 모의고사 문제지를 구입해 그 내용을 통째로 암기하고 있다는 사실이 밝혀졌는데, 교사가 물어보니 본인은 강하게 부인하고 있다. 또한 부모도 그 점에 대해서는 아들과 대화가 안 된다고 한다. 수험생이 되어서도 비슷한 경향은 계속되었고, 명문 국공립대학을 지망한다. 내신 점수로 보면 합격 가능성이 낮은 대학이었음에도 그대로 응시해 결국 불합격이라는 결과를 받았다. 남학생은 '불합격일 리가 없다'며 불만을 토로하고 있다.

이 사례에서 남학생은 마음속 깊은 곳에 자리한 좌절감을 감추기 위해 완벽한 자아상에 집착하고, 부정한 방법을 동원해서까지 그러한 자신을 만들어 내려는 것으로 생각됩니다. 또한 그런 부정을 저지르는 자신조차도 받아들이지 않기 때문에 합격할 리 없는 대학을 지망합니다. 자신이 부정행위를 저지르고 있다는 사실을 인정한다면, 합격할 리 없는 대학을 지망하는 일은 있을 수 없을 것입니다.

이렇게까지 극단적인 사례는 드물지만 완벽한 자아상과 마음속 깊은 곳에 자리한 좌절감이 얽혀서 생기는 부적응을 단적으로 표현하고 있는 것이 아닐까요?

이 책에서 소개하는 대부분의 부적응은 이 완벽한 자아상과 마음속 깊은 곳에 자리한 좌절감이 경우에 따라 한 면씩 도드라져 드러나거나 또 어떤 때는 양면이 동시에 출현하며 나타나기도 합니다.

# 학교에서 볼 수 있는
# 구체적인 부적응의 유형

## 과도하게 환경에 적응하려는 아이들

'세상의 반대'를 겪은 경험이 적은 아이들은 '뜻대로 되지 않는 환경', '완벽한 자아상이 훼손되는 상황', '좌절감이 드러나는 상황'을 회피하게 됩니다. 회피의 유형에 대해서는 지금까지 많이 언급했다고 생각하기에 여기서는 회피를 제외한 구체적인 부적응의 모습을 소개하고자 합니다.

회피 외에 부적응의 모습 중 하나로는 환경에 대한 '과잉 적응'을 들 수 있습니다. 이 특징은 간과되기 쉽고, 또한 착한 아이로 보이기 때문에 기존의 등교 거부와 혼동되기 쉬운 경향이 있습니다. 적절하게 파악하는 것이 매우 중요한 특징이기 때문에 먼저 설명하겠습니다.

그들은 마음속 깊은 곳에 좌절감을 품고 있습니다. 그렇기 때문에 그런 자신 없는 모습이 드러나지 않도록, 지적받지 않으려고 과도하게 환경에 적응하려고 노력합니다. 한편, 자신 없는 모습이 드러나는 상황을 회피하는 유형도 존재하기 때문에 이두 가지가 혼재되어 있으면 파악과 대응이 어려워집니다.

---

**사례⑧**
**취약한 과목을 회피하는 모범적인 여학생**

---

중학교 여학생. 초등학교 시절부터 특정 과목 시간이면 컨디션이 나빠져 학교를 쉬는 경향이 잦았다. 중학교에서는 그럭저럭 학교에 다니고 있지만, 특정 과목 시간이 가까워지면 컨디션이 좋지 않다고 호소하는 일이 계속된다. 그것 말고는 별다른 문제가 없고, 오히려 모범적인 모습으로 지내고 있으며, 몸이 아파 수업을 빠지는 것에 대해 면목 없어 하는 모습을 보인다. 수업에 빠졌을 때는 수업 내용과 과제를 교과 담당 교사에게 물어보러 가는 등 주변에서는 이 아이에게 적극적인 인상을 받는다.

그들은 어릴 때부터 '부정적인 나'를 건드리지 않으려고 주변을 무척 의식하며 생활해 왔습니다. 자연스럽게 주변 사람들의 안색과 기분을 살피고, 자신이 주변으로부터 비판받지 않도록 행동을 조정합니다. 이것이 정상 범위 내라면 처세술이라고 할 수 있지만, 이들의 처세술은 불안과 두려움에 기반한 것이기 때문에 긴장도가 매우 높습니다. 정신적으로 이러한 생활을 하는 이들은 그렇지 않은 사람보다 쉽게 지치고 상황 변화에 민감하며 비난이나 비판 등을 잘 견디지 못하는 특징을 갖게 됩니다. 더욱이 이러한 과잉 적응을 보이는 아이들의 특징을 임상 심리사로서 감각적 평가를 하자면 눈 속에 긴장감이 있다는 것입니다. 주변 정보를 읽어내려고 초조하게 달려온 일상으로 인해 몸에 밴 것일지도 모릅니다.

또한 언뜻 보기에 매우 모범적이고 문제가 없는 것 같기 때문에 주변에서는 "이렇게 착실한 아이가 자신 없다는 이유로 도망칠 리가 없다"라는 인상을 갖게 됩니다. 사례⑱의 경우 문제 이력을 짚어보면 마음속 깊은 곳에 자리한 좌절감이 드러나는 상황을 회피하고 있을 가능성을 배제할 수 없지만, 그 모범적인 모습으로 인해 주변에서 그 부분을 잘못 판단하기 쉽습니다.

## 다른 아이가 혼나는 것이 무서워 학교에 가지 못하는 아이

최근 몇 년 사이 증가하고 있는 등교 거부

이유 중 하나로 '다른 아이들이 혼나는 것을 보고 무서워서 학교에 못 가겠다'라는 것이 있습니다. 저는 이 배경에도 과잉 적응과 비슷한 이유가 숨어 있다고 생각합니다.

즉 마음속 깊은 곳에 좌절감을 가지고 있기 때문에 항상 마음속 어딘가에는 자신의 문제를 지적당하거나 주의받는 것을 두려워합니다. 그럴 때 다른 아이라 할지라도 누군가가 혼나는 상황을 목격함으로써 그것이 자신에게 닥칠 가능성을 과도하게 두려워하는 것입니다. 게다가 꾸지람을 듣는 상황 자체가 아이들에게는 '뜻대로 되지 않는다'라는 것을 상징하며, 그런 자리에서 도피한다는 의미도 있습니다.

또한, '자신과 타인의 경계가 희미하다'라는 점도 전제로 들 수 있습니다. 자신과 타인 사이에 있어야 할 경계선이 희미하기 때문에 자신과는 상관없어야 할 외부 사건이 마치 나에게 일어나는 것처럼 느껴지는 것입니다. 이 경계선은 선천적인 면도 있지만, 역시 유아기부터 타인과의 관계에서 형성되기도 합니다.

이 책에서 소개하는 '세상의 반대'는 아이에게 자신과 바깥세상과의 경계선을 의식하게 하는 관계이기도 합니다. "이 정도라면 괜찮다", "더 이상은 내 범주를 넘어선다"라는 감각을 익히는 것이기도 하며, 이러한 경험이 쌓이면서 '자타의 경계선'

이 명확해지는 것입니다.

다른 아이들이 혼나는 것을 보고 아이가 무서워서 학교에 가지 못하겠다고 할 때, 학교는 "혼내지 않겠다", "야단치는 방식에 주의하겠다"라고 대처하기 쉽습니다. 하지만 두려워하는 아이에게 '자타의 경계선이 희미함', '마음속 깊은 곳 자리한 좌절감'이 있다고 판단된다면, 학교의 노력만으로는 개선되지 않는 경우가 많습니다. 일단 개선된다고 해도 또 다른 마음속 깊은 곳에 자리한 좌절감이 자극되는 상황을 두려워해 학교에 갈 수 없게 되는 등 본질적인 개선을 볼 수 없는 것이 대부분입니다.

## 타인을 낮게 평가하는 경향과 끊임없는 자기 부정

앞에서 '세상의 반대'가 적기 때문에 사회에 유포되어 있는 가치관에 근거한 이상적인 모습을 도입할 가능성에 대해서 이야기했습니다. 이 이상적인 모습은 수치로 측정할 수 있고, 미숙한 가치관으로도 이해할 수 있는 기준이 되기 쉽다는 것도 말했습니다.

그로 인해 완벽한 자아상을 가진 아이들은 서열을 매기는 듯한 가치 기준으로 타인을 판단하고 평가하게 되며, 자신보다 능력이 낮다고 느끼는 타인의 가치를 낮게 보는 경향이 생기기 쉬워집니다.

# 도쿄대학에 가고 싶은 고등학생

고등학교 남학생. 입학 당시부터 도쿄대학에 진학하기를 희망하고 있다. 본인은 나름대로 능력을 갖추고 있었지만 눈에 띄게 주변을 무시하는 듯한 언행으로 인해 주변에서 거리를 두기 시작했다. 고3이 되자, 본인이 기대한 만큼 성적은 오르지 않고 모의고사에서도 상당히 회의적인 판정을 받았다. 담임교사는 목표를 변경하기를 권유하지만 본인은 듣지 않는다. 공부에 매진하려고는 하지만, 점차 게임이나 스마트폰에 빠져 있는 시간이 늘어나고 등교하지 못하는 날이 많아졌다.

이 사례처럼 주위를 만만하게 보는 듯한 언행을 서슴지 않는 경우도 있지만 이렇게까지 명확하게 표현된 사례는 그리 많지 않습니다. 대부분은 힘없는 동급생에게만 엄격하게 대하거나, 집안에서만 남을 깔보는 표현이 쓴다거나, 동생을 무시하는 언행이 포착되는 편이 많습니다. 또한 속으로만 그렇게 생각하는 유형도 있을 것이고, 자신에게 그런 '가치 기준'이 있다는 것 자체를 인지하지 못하는 경우도 있을 수 있습니다.

이러한 사고방식은 괴롭힘 등으로 이어질 위험도 있지만, 가장 큰 위험은 그 가치 기준이 결국은 자기 자신을 공격할 수 있다는 것입니다.

'나보다 뛰어나지 않다'라는 이유로 타인을 낮게 평가한다는 것은 반대로 자신이 '타인보다 뛰어나지 않은' 상황에 처한다면 얼마든지 가치 없는 인간이 될 수 있다는 의미입니다. '나는 쓸모없는 인간'이라고 자신을 계속해서 공격하는 내면의 목소리가 항상 존재할 것이며, 강렬한 자기 부정이 마음속을 차지하게 됩니다.

그런 상황에 빠지면 주변에서 부정적인 감정을 드러내지 않아도, 본인은 무시당하고 있다는 느낌을 받게 됩니다. 자신의 '내면의 목소리'가 마치 주변에서 자신을 향하는 것처럼 느껴지는 것입니다. 이것을 심리학에서는 '투사—자신이 마음속에 품고 있는 것을 자기가 아닌 타인이 품고 있다고 인식하는 현상'이라고 말하며, 자신과 타인의 경계가 명확하지 않은 아이일수록 더 두드러집니다.

이런 것들이 복합적으로 작용해 가족을 포함한 타인과 멀어지고 집안에서는 "주변에 바보들만 있다"며 불만을 토로하지만, 속으로는 자신의 변변찮음을 계속해서 느끼게 되는 악순환에 빠질 우려가 있습니다.

## 불편한 상황을 조작하는 아이

부모를 비롯한 어른들이 아이가 원하는 대로 환경을 바꾸어 버리면, 아이 스스로도 불편한 상황을 회피하는 경향이 몸에 배게 됩니다. 뿐만 아니라 점차 아이 스스로 피하고 싶은 상황을 조작하게 되기도 합니다.

여기서는 자주 이용되는 조작의 수단을 네 가지로 나누어 소개합니다.

### ① 신체 증상과 그에 수반되는 타성

먼저, 신체 증상으로 고통스러운 상황을 조작하는 유형입니다. 복통과 두통이 대표적이며, 그 외에도 아이에 따라 호소하는 부위가 달라집니다.

---

사례㉙
### 갑자기 발걸음이 가벼워지는 중학생

---

중학교 2학년 남학생. 복통으로 인한 조퇴와 결석이 늘고 있다. 특히 취약한 과목 시간이나 동아리 대회를 앞두고 복통이 두드러지게 나타나는데, 그 취약함에 대한 자각은 없다.

어느 날은 걷기 힘들 정도로 복통이 심해져 조퇴하게 되었다. 하교하는 모습을 위층에서 지켜보니 교문을 나갈 때까

지는 아픈 배를 부여잡고 천천히 걸었는데, 교문을 나선 뒤
에는 갑자기 발걸음이 가벼워졌다.

중요한 사실은 이들이 결코 거짓말을 하는 게 아니라, 정말
로 아프다고 생각하는 겁니다. 이러한 상태는 일찍이 정신의학
세계에서 '히스테리'라고 부르던 상태라고 생각해도 좋습니다.
니시마루(西丸) 등(2006년)에 따르면, 히스테리란 '심인성 반응
으로 요란한 증상을 보이는 것'으로, '병이 나서 어떤 목적을 달
성하려는 무의식적인 의도, 속셈을 엿볼 수 있으며, 일부러 과
장되게 연극을 하듯 연극적으로 보여주도록 고의로 만들었다
고 보이는 것'을 가리킵니다.

자신이 느끼는 고통스러운 상황을 피하기 위해 무의식적으
로 신체 증상이 이용되는 것입니다. 이러한 신체 증상의 특징
은 상황에 대한 의존성(고통스러운 상황이 되면 나타나고, 고통스러운
상황이 없어지면 호전됨)이 매우 높다는 점, 따라서 주변 사람들에
게 타성을 느끼게 하는 경향이 강하다는 점, 고통스러운 상황
에 직면시키려고 하면 할수록 더 심한 신체적 증상을 보인다는
점 등을 들 수 있습니다.

신체 증상으로 인해 '뜻대로 되지 않는 환경', '완벽한 자아상
이 훼손되는 상황', '자신 없는 상황이 드러나는 상황'을 회피하

는 상태에 있는 아동 및 학생에게 접근하는 것은 매우 어려운 일입니다. 힘든 상황에 직면시키려고 해도 더 많은 신체 증상이 발현되어 결국은 밀리는 경우가 많기 때문입니다. 이런 종류의 신체 증상과 정면으로 부딪쳐도 승산은 희박하다고 할 수밖에 없습니다. 이에 대한 지원 방침은 제4장에서 다루도록 하겠습니다.

또한, 코로나 사태로 인해 학교에서는 특정한 신체 증상이 있을 경우 조퇴나 결석을 적극적으로 권유하게 되었습니다. 코로나 사태를 겪으면서 등교 거부 숫자가 급증했는데, 그 원인 중 하나로 '아이들이 컨디션이 좋지 않다는 이유로 편하게 쉴 수 있게 된 점'에 있다고 생각합니다.

컨디션이 좋지 않다는 이유로 아이들이 학교를 편하게 쉴 수 있게 된 것이 나쁘지는 않습니다. 자신의 상태를 관찰하고, 그것을 바탕으로 필요한 대응을 하는 것은 인간으로서 당연한 행동입니다(그런 의미에서 보면 '개근상'은 비정상이 아닐까요? 가끔은 외부 사정에 몸이 따라 주지 못하는 날도 있으니까요. 아주 가끔은).

다만, 이런 이야기도 있습니다. 어느 택시회사에서는 사고가 많아 '컨디션을 관리할 것', '컨디션이 좋지 않으면 적극적으로 휴식을 취할 것'이라는 지시를 내렸습니다. 그 결과 사고는 확실히 줄었지만 회사는 곧 그 방침을 철회해야 했습니다. 컨디션이 좋지 않다는 이유로 쉬는 직원이 많아져 업무에 지장이 생기게 되었기 때문입니다.

중요한 것은 균형입니다. 사회활동(경제활동이나 학교생활 같은)을 지나치게 중시하느라 몸을 소홀히 해서도 안 되고, 몸을 너무 중시해서 사회활동에 크게 지장이 생겨도 안 됩니다. 코로나 사태로 인해 학교는 '몸을 중시한다'라는 쪽으로 크게 한 번 기울었지만, 이제부터는 그 반동이 일어날 것입니다.


② **나약한 모습 ─ 우울해하고, 눈물을 흘리고, 일기 등을 이용한 '조작'**

힘든 상황을 조작하는 수단으로 나약한 모습을 보여주는 반응이 있습니다. 흔히 볼 수 있는 반응으로는 노골적으로 우울해하거나 눈물 흘리기 등이 있는데, 이를 눈에 보이는 형태로 드러내려는 것이 특징입니다. 예를 들어 주위에서 반응하지 않을 수 없을 정도로 크게 울거나 땅이 꺼져라 한숨을 쉬거나 흐르는 눈물을 닦으려고 하지 않는 행동들입니다. 이 외에도 다음 사례와 같은 유형이 있습니다.

---
**사례 ㉑**
### 일기를 거실에 펼쳐 놓은 남학생
---

등교를 주저할 때가 있는 중학교 2학년 남학생. 어느 날 아

버지로부터 "더 열심히 해야 한다"라는 말을 들었다. 그 다음 날, 일기에 '나도 열심히 하고 있는데', '이렇게 힘든데', '죽고 싶다' 등의 내용을 적고('죽고 싶다' 부분은 붉은색으로 적었다) 거실에 펼쳐 놓았다고 한다. 그걸 발견한 어머니가 아버지에게 말했고, 아버지는 그 이후 아이에게 아무 말도 할 수 없게 되었다.

이런 나약한 모습을 눈에 보이는 형태로 드러내면 더 이상 아이에게 따끔한 말을 하기가 어려워지는 것이 인지상정일지 모르지만, 그러다 보면 자칫 필요한 말조차 하기 힘들어질 수 있습니다. 등교 거부 아이를 지원하는 데 있어 중요한 것은 '아이가 약한 모습을 보인다거나 우울해한다고 해서 아이에게 전하려는 메시지가 불필요하다고는 할 수 없다'라는 인식을 갖는 것입니다.

### ③ 불쾌감·분노·협박·폭력을 이용한 조작

②와 유사한 유형으로 불쾌감 등의 부정적인 감정을 전면에 내세워 환경을 바꾸려는 유형이 있습니다. 이런 유형은 주로 아이의 불쾌감에 따라 환경을 바꿔 준 사례가 있는 가정에 많습니다. 예를 들어 아이의 기분이 언짢아져 있으면 물건을 사

주는 식입니다.

주변 어른들이 이런 관계를 반복하면, 아이는 '이렇게 하면 다른 반응이 나온다'라는 것을 인식합니다. "우리 아빠는 이런 식으로 굴면 게임을 사 준다" 같은 말을 서슴없이 하는 아이가 있을 정도였습니다. 이 유형이 두드러지면 사례㉒처럼 뜻대로 되지 않는 상황에 처했을 때 거친 태도나 폭력적인 행동으로 상황을 바꾸려고 할 수도 있습니다.

---

**사례㉒**
### 요구가 안 통하면 협박하는 아이

---

초등학교 6학년 남자아이. 동급생과의 교류에서 자신의 요구가 받아들여지지 않으면 "인터넷에 개인정보를 공개하겠다!"라고 협박하고, 실제로 실행에 옮긴다. 예를 들어 자신이 하고 싶은 놀이를 하지 못할 때, 피구를 하다가 맞았을 때 그런 문제 행동을 보인다.

이러한 부정적인 감정으로 상황을 바꾸려는 유형이 강하게 몸에 밴 아이일수록 필요한 지원을 하기 어려운 상황이 되기 때문에 가능한 한 조기 지원과 예방이 필요하다고 할 수 있습니다.

### ④ 조작을 하는 아이에게 많은 편식

유아가 바깥세상을 조작하는 방법 중 하나로 식사가 있습니다. 유아의 먹는 양이 적거나 기분이 좋지 않아서 밥을 안 먹으면 당연히 부모는 걱정하기 마련입니다. 그러나 그 걱정이, 예를 들어 아이의 입맛에 맞춰 과도하게 식사 환경을 바꾸거나(좋아하는 메뉴만 골라 내놓거나 예쁜 접시로 바꾸는 등) 아이가 밥을 먹을 때까지 비위를 맞추거나 하는 형태가 반복적으로 나타나면 아이는 '식사 편향을 무기로 환경을 조작할 수 있다'라는 것을 아주 일찍부터 경험하게 됩니다.

이런 경험이 있는 아이는 대부분 편식이 인정될 뿐만 아니라, 식사 태도가 나쁘고, 먹으면서 장난을 치는 경우가 많은 데다 경우에 따라서는 회피하고 싶은 상황이 되면 갑자기 '못 먹겠다'라는 반응을 보이기도 합니다.

식사에 과도하게 반응해 환경을 바꿔 버리는 부모 중에는 자녀의 불쾌감을 받아들이는 것을 전반적으로 어려워하는 경우도 볼 수 있습니다. 그렇게 되면 아이의 부적응은 편식이라는 경미한 수준에서 끝나지 않고, 불리한 상황이나 조작하기 어려운 환경에 놓이는 것을 회피해 등교가 힘들어질 수도 있습니다. 이 책에서 설명하는 아이의 부적응을 파악하는 포인트 중 하나로 편식을 염두에 두면 좋을 것 같습니다.

## 자녀의 문제를 감당하지 못하는 부모의 반응

다음은 두드러지게 나타나는 부모의 유형을 네 가지로 나누어 보겠습니다. 지금까지 언급한 부적응을 보이는 아이의 부모가 어떤 모습인지, 그리고 어떤 문제를 초래하는지 알아보겠습니다.

**① 자녀의 불편한 감정을 대면하는 것이 서툴다**

지금까지의 다양한 사례에서도 알 수 있듯이 자녀의 불편한 감정을 대면하기 어려워하는 것이 가장 큰 특징이라고 할 수 있습니다. 실전에서 이러한 부모를 대할 때는 크게 두 가지 모습으로 확인할 수 있습니다.

하나는 주변에서 '다정하다'라고 평가하는 경우가 많다는 것입니다. 특히 아버지들에게서 많이 나타나는데, 아이를 혼내기는커녕 아이가 원하는 바를 잘 들어주는 모습에서 다정하다는 평을 듣기 때문에 실제로 만나 봐도 대화가 잘 통하고 항상 아이를 생각하는 마음이 엿보여, 언뜻 문제가 없어 보입니다. 하지만 이 다정함은 불편한 감정을 마주하지 못하는 것과 밀접한 관계에 있는 경우가 많고, 아이를 꾸짖어야 하는 상황에서도 아무 말도 하지 않았다는 숨겨진 과거가 있는 경우가 있습니다. 이런 다정한 모습 외에도 육아에 관여하지 않거나 존재감이 없거나 방에만 틀어박혀 있거나 스마트폰만 들여다보는 경우도 있는데, 아이의 불편한 감정에 관여하지 않는다는 점에서는 모두 같다고 할 수 있습니다.

또 다른 모습은 '고압적'이라는 것입니다. '다정하다'와는 정반대처럼 들릴 수 있지만, 지금까지 여러 번 언급한 바와 같이 '세상의 반대'를 겪은 아이가 보이는 불편한 감정을 마주하는 것이 중요합니다. 다정한 경우에는 애초에 아이에게 '세상의 반대'가 잘 성립되지 않았지만, 고압적인 경우라면 문제점을 지적하더라도 아이가 겁을 먹어 불편한 감정을 표출하지 않을 수 있습니다. 애초에 고압적인 경우에는 문제점을 적절하게 지적하지 못하고, 부모가 자신의 기분이나 감정에 휩쓸려 화를 내는 경우가 대부분입니다. 따라서 고압적이라고 해도 역시 아이의 불편한 감정을 마주한다고는 볼 수 없습니다.

덧붙여 다정한 부모 유형의 경우는 학교와 문제가 생기는 일은 적지만(학교 환경을 바꿔 달라고 요구하는 경우는 있다), 고압적인 부모 유형의 경우는 문제가 자주 발생할 수 있습니다. 지금부터 설명할 특징은 고압적인 유형의 부모에게 자주 나타나는 특징이라고 할 수 있습니다.

② 남의 탓·문제의 요점을 흐리다

자녀의 불편한 감정을 마주하지 못하면 자녀의 문제와도 마주할 수 없게 됩니다. 이때 흔히 나타나는 것이 남의 탓을 하거나 문제를 외면하는 방식입니다.

---

사례 ㉓
**학교의 방식과 상대방의 문제를 지적하는 부모**

---

집단 괴롭힘의 가해자가 된 초등학교 5학년 남자아이의 부모. 상황으로 보아 남자아이가 가해자임이 분명하지만, 부모는 "학교에서 한쪽 말만 듣는다", "상대측 아이도 잘못한 게 있다"라고 말하더니 학교를 며칠 쉬게 하고는 "우리 아이가 이렇게 상처받았다"라고 말한다.

사례㉓에서는 남자아이가 명백한 가해자임에도 불구하고, 그 부모는 학교 측의 대응에 문제가 있다고 지적하고 있습니다. 이는 최근 학교 폭력 사안에서 흔히 볼 수 있는 일인데, '내 아이가 잘못했다'라는 상황을 받아들일 수 없기 때문에 학교의 결점을 지적하며, 관점을 돌리고 있는 것입니다.

또한 "상대측 아이도 잘못한 게 있다"라는 말 역시 상대의 문제를 지적해 자신들의 책임 비율을 줄이려는 속셈입니다. 당연한 이야기지만, 상대가 무엇을 했던 간에 그것이 학교 폭력의 이유는 될 수는 없으므로, 책임의 비율은 결코 줄어들지 않습니다.

### ③ 죄책감과 무력감을 주다

사례㉓에서 부모는 아이에게 학교를 쉬게 하고는 "우리 아이가 이렇게 상처받았다"라고 주장했습니다. 의외라고 생각하는 사람도 많겠지만, 부모가 아이를 쉬게 하는 것은 흔히 있는 유형입니다.

이런 주장을 통해 '내가 잘못한 건가…'라는 식으로 상대방에게 죄책감을 부여할 수 있습니다. 즉 실은 자신들이 잘못한 건데 상대방에게 '어쩌면 내가 잘못했는지도 모른다'라고 생각하게 함으로써 자신들의 문제를 축소하는 방식을 취하는 것입니다. 이러한 유형은 이를테면 힘든 상황을 마주하려고 할 때, "교사가 그런 걸 해도 되느냐", "부모가 자식에게 상처를 줘도 된다고 생각하느냐" 같은 표현이나 힘없이 우는 아이의 모습을 이용하는 경우도 있습니다.

또한 아이의 문제에 대응할 때, 부모의 요구에 따른 대응이 아니면 "그 정도밖에 할 수 없군요", "아이가 슬퍼하겠네요" 같은 말을 하며, 도움을 주려는 지원자에게 '이렇게 대응하면 안 되는 건가' 하고 생각하게 하는 유형도 빈번하게 발생합니다. 도움을 주려는 사람으로서 무력감에 휩싸여 자신도 모르게 그만 노력하게 만들고, 그것이 학교의 부담을 가중시켜 문제를 한층 더 야기하는 악순환이 생길 위험이 있습니다. 아이나 가정에 중요한 일을 하고 있어도 죄책감과 무력감을 주는 유형에 잠식되면, '이건 그만두는 게 좋겠다'라는 생각이 들기 쉽습니다.

**④ 죄책감을 상쇄하다**

주변의 문제를 지적한다고 해서 '본인의 문제'가 경감되지는 않습니다. 그런데 왜 그들은 이러한 방식을 쓰는 것일까요?

---

사례 ㉔
**나란히 함께 삭발한 부자**

---

동급생에게 폭력을 행사한 남고생의 부모. 학교 측 조사 방식에 불만을 제기하지만, 비슷한 사안이 반복되었고 피해자의 부상도 명백했기 때문에 정학 처분을 받았다. 처벌 기간이 끝나고 남학생은 삭발한 머리로 등교하더니 "아버지가 같이 삭발해 주겠다고 해서"라며 밝은 표정을 지었다. 그 후에도 주변 사람들에 대한 거친 행동은 계속되고 있다.

이 사례를 읽고, 이 아이가 제대로 반성하고 있다고 섣부르게 생각하는 사람은 거의 없을 것입니다. 그들이 느끼는 고통의 본질은 자신의 내면에 죄책감을 품고 있다는 것입니다. '자식에게 문제가 있다'라는 현실이 괴로워 도저히 마음속에 품고 있을 수가 없는 것입니다.

따라서 아무리 객관적인 상황은 바뀌지 않는다 하더라도, 자신의 내면에 있는 죄책감을 없애는 것이 이들에게는 중요합니다. 이 사례의 경우, 남학생이 폭력을 행사한 사실은 변함이 없고, 그 점에 대해서 학교 측은 제대로 된 처분을 내렸습니다. 남학생에게 요구되는 바는 자신의 행동을 반성하고 같은 짓을 되풀이하지 않는 것입니다.

그런데 이 부자가 한 일은 삭발을 함으로써 자신들의 내면에 있는 죄책감을 없애는 것이었습니다. 본래 죄책감은 자신의 행동을 수정하기 위한 내적 제동장치 기능을 하는 것입니다. 이 죄책감을 내면에서 제거해 버림으로써 이 남학생의 행동은 바뀌지 않을 거라는 의미가 됩니다.


저는 단순히 아이들의 불쾌감과 부담을 줄이면 아이들이 건강해질 거라고 생각했습니다. 하지만 이번 장에서 언급한 것처럼 '세상의 반대'를 겪어본 경험이 적은 것을 단서로 하여 다양한 문제와 부적응에 이르는 아이들을 보면서 '무엇이 이런 변화를 일으키고 있는가'에 대한 고민의 필요성을 절실하게 느꼈습니다.

다음 3장에서는 이러한 아이들의 모습을 보다 깊이 이해하기 위해 '세상의 반대'가 줄어들고 있는 현대 사회의 양상에 대해 이야기해 볼까 합니다.

# 반항기는 필요한가?

대학의 오픈 캠퍼스에는 대학 진학을 목표로 하는 많은 고등학생이 찾아옵니다. 요즘은 대부분 부모와 함께 찾아오는 터라 개별 상담 부스에서 저와 같은 교원과 수험생 그리고 부모까지 셋이 대화를 나눌 기회가 많은데, 한 학부모가 한 말이 매우 인상 깊게 남았습니다.

"저희 아이(딸)는 반항기가 없었기 때문인지 자기주장을 잘 못해요. 이래서 대학 생활을 할 수 있을지 걱정이에요."

일반적으로 반항기라는 것은 부모 입장에서는 귀찮고 번거로운 시기라고 생각하는데, 이 부모는 아이에게 반항기가 없었던 것을 걱정하고 있었습니다. 부모에게조차 반항하지 못하니 대학에 들어가서 자기 의견을 말하거나 주장을 하는 것이 어렵지 않을까 하는 염려에서 나온 생각이었을 것입니다. 그런데 과연 반항기는 꼭 필요한 것이고, 자기주장을 하는 데 효과적인 관계가 있을까요?

반항기의 유무에 관해서는 다양한 조사가 실시되었는데, 그 자료들을 보면 대학생이 되기 전에 반항기를 경험한 적이 있는 사람은 대략 50% 정도입니다. 즉 절반은 반항기를 경험하지 않았다는 뜻입니다. 만약 이 학부모의 말처럼 반항기를 경험하지 않아서 자기주장을 하지 못한다면 대학생의 절반은 자기주장을 할 수 없다는 말이 되지만, 물론 그렇지는 않습니다. 반항기, 특히 중·고등학생 때 볼 수 있는 반항기를 제2의 반항기라고 합니다. '○○기'라고 이름을 붙이면, 그것이 마치 누구에게나 찾아오는 시기, 누구나 경험하는 시기라고 생각하기 쉽습니다. 물론 유아기나 아동기, 청소년기를 경험하지 않은 사람은 없지만 반항기는 절반 정도만 경험합니다. 그래서 최근에는 제2의 반항기라는 표현은 그다지 쓰지 않습니다(적어도 발달심리학 등의 분야에서는 말이죠).

또한, 반항이라고 해도 부모한테 말대꾸를 하거나 폭언을 하는 것은 아닙니다. 반항은 '반발'과 '저항'이라는 단어에서 각 한 글자씩 따와서 만들어졌습니다. 반발은 말대꾸나 폭언, 폭력 등을 나타내지만, 저항은 무시, 거부, 가출 등 부모와의 관계를 피하는 유형의 반항입니다. 저항을 보이는 경우 특별히 무언가를 주장하는 것이 아니기 때문에 당연히 언어적 주장을 할 수 있게 되는 것은 아닙니다(반발을 한다고 해서 언어적 주장을 잘할 수 있게 되는 건 아니지만). 하지만 저항도 자신의 생각을 태도로 나타낸다는 의미에서는 훌륭한 자기주장이라고 할 수 있습니다.

그렇다면 왜 중·고등학생 시절에 반항이 생기는 것일까요? 또 반항하는 사람과 반항하지 않는 사람이 있다는 건 무슨 뜻일까요? 반항을 부모 자식 사이의 어긋남에서부터 설명해 볼까 합니다.

갓 태어난 아기는 스스로 걸을 수도, 무언가를 먹을 수도 없습니다. 그때는 모든 것을 부모가 해 줘야 합니다. 하지만 1년이 지나면 스스로 서고 조금씩 걸을 수도 있게 됩니다. 아기 입장에서 자신이 생각하는 대로 이동할 수 있다는 건 매우 즐거운 일입니다. 그때 부모가 "혼자 마음대로 걸어가면 안 돼" 하고 안아주면 어떻게 될까요? 본인은 더 걷고 싶은데 부모가 자신을 아기처럼 안아주면 말입니다. 여기서 부모와 자녀 사이의 괴리가 발생합니다. 아마도 아이는 스스로 걷고 싶고 저쪽으로 가고 싶다며 부모의 품안에서 이리저리 발버둥을 칠 것입니다. 이것도 하나의 반항입니다.

부모와 자녀의 관계는 성인이 될 때까지 다섯 단계로 나뉜다고 합니다. ① 부모가 아이를 손이 닿는 범위에 두는 단계, ② 부모가 아이를 눈길(혹은 목소리)이 닿는 범위에 두는 단계, ③ 부모가 아이를 믿고 기대하는 단계, ④ 부모가 아이와 거리를 두고 아이의 판단에 맡기는 단계, ⑤ 부모와 자식이 대등해지는 단계, 이렇게 다섯 단계입니다. 개인차는 있지만, 대체로 ①은 영아기(한 살 정도까지), ②는 유아기(한 살부터 초등학교 입학 전까지), ③은 초등학교 시절, ④는 중학생에서 대학생 정도, ⑤는 대학생 이후라고 생각하면 좋을 것 같습니다. 부모와 자식은 각각 이 다섯 단계를 거치는데, 중요한 것은 대부분 아이가 먼저 이 단계를 거치게 된다는 점입니다.

걸을 수 있게 된 어린아이를 예로 들면, 아이는 부모에게 안길 필요가 없고 스스로 걷고 행동할 수 있게 되었기 때문에 ②의 단계로 나아갔지만 부모는 아직 아이를 자신의 손이 닿는 범위에 두려는 ①의 단계에 머물러 있기 때문에 아이를 안아서 행동을 막습니다. 이 괴리 때문에 아이는 부모의 손에서 벗어나려고 발버둥을 치고 난동을 부리게 됩니다.

마찬가지 예로, 중학생이나 고등학생이 되면 스스로 자신의 일을 생각하고 결정하고 싶어 합니다. 이는 자녀가 ④의 단계로 나아갔음을 의미합니다. 그런데 부모는 '공부해라', '일찍 들어와라', '○○대학이 좋다' 등의 말을 하곤 합니다. 이는 부모가 아직 ②단계에 머물러 있는 상태인 겁니다. 아이는 ④단계인데 부모는 아직 ②단계라서 큰 간극이 있기 때문에 아이가 부모에게 "시끄러워!" 같은 말을 하거나 부모의 말을 무시하는 태도를 취하게 됩니다.

이렇듯 반항기란 아이는 이미 부모 자식 관계의 단계를 앞서 나아가고 있음에도 불구하고 부모는 전 단계에 머물러 있기 때문에 발생하는 것으로 생각할 수 있습니다. 바꿔 말하면 반항은 자녀가 부모에게 "저는 그 단계가 아니에요. 빨리 저와 같은 단계에 도달하세요"라는 메시지라고도 볼 수 있습니다.

이렇게 생각하면, 반항기가 생겨나지 않는 이유도 분명합니다. 단계가 어긋나기 때문에 반항이 생기는 것이지 어긋나지 않으면 반항이 생기지 않습니다. 즉 아이가 한 단계 앞서가는 것을 부모가 민감하게 느끼고 부모도 곧 아이와 같은 단계에 진입하여 단계 차이를 해소하면, 아이는 반항할 필요가 없습니다. 반항기가 없는 것은 아이가 훌륭해서도 온순해서도 아니고, 부모가 아이의 변화와 발달을 제대로 감지하고 그에 맞춰 대응하고 있기 때문입니다.

그런데 반항기가 없는 부모 자식 관계에서 한 가지 좋지 않은 유형이 있습니다. 그것은 부모와 자녀가 나란히 나이에 맞지 않는 낮은 단계에 머물러 있는 경우입니다. 고등학생이 되어서도 매일 학교에 가져갈 학용품을 챙기거나 수학여행 짐 챙기는 것 따위를 모두 부모가 준비해 주는 경우입니다. 이는 부모와 자녀가 함께 ①의 단계에 머물러 있기 때문입니다. 부모가 준비하면 부모는 자신이 챙겼기 때문에 안심이 되고, 아이는 깜박한 물건이 있어도 부모 탓으로 돌릴 수 있습니다. 양측의 입장에는 차이가 없어 반항할 필요는 없지만 고등학생으로서는 문제가 있습니다. 오픈 캠퍼스에 방문한 고등학생이 자신은 한마디도 하지 않고 오로지 부모만 질문하는 것을 볼 때가 있는데, 이는 부모와 자녀가 모두 ②의 단계에 머물러 있는 것으로 생각됩니다.

이와 같이 반항기가 있었다고 해서 자기주장을 잘 할 수 있는 것은 아니고, 없다고 해서 무조건 부모 자식 관계가 좋다고 할 수도 없습니다. 반항기의 유무만 생각할 것이 아니라 반항기가 있었던 이유, 없었던 이유를 생각해 보는 것이 중요합니다.

제 3 장

# 아이들에게 불쾌감을
# 주지 않으려는 사회

# 무엇이 아이들의 부적응을 발생시키는가?

'자기애'라는 표현을 쓰지 않는 이유

지금까지의 내용을 읽고 '이건 자기애를 말하는 게 아닐까?'라고 생각한다면, 맞습니다. 하지만 저는 이 책에서 제시한 특징을 굳이 '자기애'라고 표현하지는 않았습니다. 먼저 그 이유를 설명하려고 합니다.

이 책에서 제시한 특징을 자기애라고 표현하지 않은 첫 번째 이유는 자기애성 인격장애의 진단 기준에 있습니다. 정신적 장애의 진단 기준은 여러 가지 제시되고 있지만 일본에서 많이 사용되는 미국정신의학회가 발표한 DSM-5-TR의 자기애성 인격장애의 기준을 살펴보겠습니다.

| | |
|---|---|
| 1 | **자신이 중요하다는 과대망상** 예를 들어 업적이나 재능을 과장하는 것, 충분한 업적이 없음에도 불구하고 훌륭하다고 인정받기를 기대한다. |
| 2 | 무한한 성공, 권력, 재능, 아름다움 혹은 이상적인 사랑에 대한 공상에 사로잡혀 있다. |
| 3 | 자신이 '특별'하고 독특하며, 다른 특별하거나 지위가 높은 사람들(또는 단체)만이 이해할 수 있거나 관계가 있어야 한다고 믿는다. |
| 4 | 과잉 칭찬을 바란다. |
| 5 | **특권층** 특혜를 주거나 자신이 기대하면 상대방은 자동으로 따라줄 것을 이유도 없이 기대한다. |
| 6 | 대인관계에서 상대방을 부당하게 이용한다. 즉 자신의 목적을 달성하기 위해 타인을 이용한다. |
| 7 | **공감 부족** 타인의 감정 및 욕구를 인식하려고 하지 않거나 그것을 알아차리려 하지 않는다. |
| 8 | 종종 다른 사람을 질투하거나 다른 사람이 자신을 질투한다고 굳게 믿는다. |
| 9 | 거만하고 오만한 행동이나 태도. |

표1 DSM-5-TR에 따른 자기애성 인격장애의 기준

괴대성(공상이나 행동에 있어서), 칭찬받고 싶은 욕구, 공감 능력 부족의 광범위한 양식으로, 성인기 초기에 시작되어 다양한 상황에서 확실해진다. 이 요소 중 다섯 가지(또는 그 이상)에 의해 나타난다.


이 DSM[6]은 일본에서 가장 많이 사용되는 정신의학 진단 기준인데, 글렌 O. 개버드(Glen O. Gabbard, 1994)는 자기애성 인격장애에는 '주변을 신경 쓰지 않는 자기애적 사람(무감각형)'과 '과

---

6) 정신질환 진단 및 통계 편람(Diagnostic and Statistical Manual of Mental Disorder)은 미국 정신 의학회가 출판하는 서적으로 정신질환의 기준으로 사용된다. DSM-5-TR은 2022년 9월에 개정된 최신판이다.

도하게 신경 쓰는 자기애적 사람(과민형)'의 두 가지 유형이 존재한다고 정의하였습니다. 단, DSM의 진단 기준에서는 '주변을 신경 쓰지 않는 자기애적 인간'만을 제시하고 있습니다.

| | 주변을 신경 쓰지 않는 자기애적 사람 (무감각형) | 과도하게 신경 쓰는 자기애적 사람 (과민형) |
|---|---|---|
| 1 | 다른 사람들의 반응을 의식하지 않는다. | 다른 사람들의 반응에 과민하다. |
| 2 | 오만하고 공격적이다. | 억제적이고 내향적이며 심지어 자기 소멸적이기도 하다. |
| 3 | 자기에게 몰두한다. | 자기보다 다른 사람들에게 주의를 쏟는다. |
| 4 | 주목의 중심에 있어야 한다. | 주목받는 대상이 되는 것을 피한다. |
| 5 | 발신자이긴 하지만 수신자는 아니다. | 모욕이나 비판의 증거가 없는지 주의 깊게 다른 사람들의 말에 귀를 기울인다. |
| 6 | 다른 사람들에 의해 상처를 받았다고 느끼는 것에 확실히 둔감하다. | 쉽게 상처받았다는 감정을 품는다. 수치심이나 굴욕감을 쉽게 느낀다. |

표2 개버드가 제시한 자기애성 인격장애의 두 가지 유형

이 두 유형이 임상 형태로는 전혀 다른 것처럼 보이지만, 그들은 자기 평가를 유지하려고 한다는 공통점이 있으며, 그 방식의 차이가 유형의 차이를 낳는다고 합니다. 한쪽은 자신의 업적에 대한 인상을 심어줌으로써 자기 평가를 유지하고, 다른 한쪽은 상처받는 상황을 회피하거나 타인이 어떻게 행동하는

지를 꿰뚫어 봄으로써 자기 평가를 유지합니다.

이 책에서 언급해 온 '뜻대로 되지 않는 것을 견디지 못함', '완벽한 자아상', '마음속 깊은 곳에 자리한 좌절감'이라는 특징이 얽혀서 일어나는 반응도 개버드가 제시하는 표출 내용과 겹치는 부분이 많아 저 역시 지금까지 언급한 내용이 자기애라는 주제와 관련이 있을 거라고 생각합니다.

다만, 그럼에도 불구하고 이 책에서 자기애라는 표현을 사용하지 않은 것은 ① 학교에서 보는 대부분의 사례는 '자기애성 인격장애'에 해당할 만큼 병리성이 깊지 않고, ② 특히 '마음속 깊은 곳에 자리한 좌절감'을 핵심으로 발생하는 문제는 앞서 말한 진단 기준에 포함되지 않고 '자기애'라는 표현이 주는 이미지가 편향적이라는 점, ③ 일반적으로는 자기애라는 표현에서 과대성, 칭찬받고 싶은 욕구, 공감 능력의 부족 등이 떠올라 좋은 인상을 주지 않는다는 점 등이 이유입니다.

## 기존 가설과의 차이점

이 책에서 언급한 내용에는 이미 지적된 자기애의 가설과는 다른 점이 있기 때문에 그 부분에 대해 설명해 보겠습니다. 앞서 '완벽한 자아상'이나 '마음속 깊은 곳에 자리한 좌절감'으로 인해 부적응을 초래하는 사례를 통해, 꾸짖고, 말리고, 훈계하는 '세상의 반대'라고 칭하는 경험이 유소년기 시절부터 적다는 사실을 지적했습니다. 이러한 '세상의 반대'를 명확하게 자기애의 요인으로 거론하는 것은 일반적이지 않습니다.

자기애의 원인에 대한 정확한 식견은 없지만, 유명한 가설 중 하나로 아이가 시기적절한 자기 현시성을 보일 때, 부모가 긍정적인 반응을 하지 않고 무시하거나 꾸짖는 등 공감해 주지 않는 태도를 보임으로써 아이에게 깊은 상처를 주면, 그 트라우마가 마음의 결손으로 계속 남기 때문에 자기애 발달에 제동이 걸린다는 말이 있습니다. 유소년기에 흔히 보이는 "나는 대단해"라는 만능감에 대해 부모가 공감적으로 반응하지 않음으로써 자기애가 적절하게 발달하지 못하고 미숙한 상태로 머물러 유아적 만능감이 나중에까지 남게 된다는 사고입니다.

저는 잘 모르는 문제를 만났을 때 상담에서 제시된 모든 정보를 시간순으로 기록합니다. 본인의 언행과 심신의 반응, 주변 사건 등 문제와의 관련 여부에 대한 가치판단을 보류하고 모든 정보를 수집하는 것입니다. 그 결과 이 책에서 소개한 것처럼, 부적응을 보이는 사례에서 아이의 만능감에 대해 적절하게 반응하지 않았다는 것보다는, 아주 어린 시절부터 '세상의 반대'를 경험한 일이 적고, 또한 제2장에서 제시한 것처럼 환경과의 부조화가 인정된 것입니다.

물론 그렇다고 해서 기존의 가설이 틀렸다고 생각하는 건 아닙니다. 어디까지나 제가 경험한 사례에서는 아이의 만능감에 대해 적절하게 반응하지 않았다는 공통점을 발견하지 못했을 뿐입니다.

단, 중·고등학생 정도 되면 "부모를 비롯한 어른들이 공감해 주지 않았다"라고 말하는 것이 충분히 있을 수 있습니다. 하지만 이것이 실제로 어른들이 아이가 어릴 때부터 공감해 주지 않았다는 것을 단적으로 나타낸다고는 말할 수 없습니다.

특히 완벽한 자아상이 강한 사례에서는 주변의 '현실에 따른 관계'에 불만을 느끼는 것이 일반적입니다. 주변이 현실과 맞게 관련되어 있음에도 불구하고, 본인의 자아상은 훨씬 높은 곳에 있기 때문에 '낮게 평가받고 있다'라는 느낌을 받을 수밖에 없는 것입니다. 또한 취약한 모습이 되기 쉬운 '마음속 깊은 곳에 자리한 좌절감'을 끌어안은 경우도, 주변의 어른들이 생각한 것처럼 환경을 바꿔 주지 않거나 자신을 지지하지 않는 태도를 취하면 '이렇게 힘들어하고 있는데 왜 나를 이해해 주지 않는 거지?' 하는 불만을 가지게 됩니다.

즉 본인의 언급을 기준으로 부모 자식 관계를 가정하면, 실제와 다른 가정 상황이 도출될 위험이 있고, 이 때문에 기존의

'부모의 공감 능력 부족이 자기애의 상처를 낳는다'라는 사고방식이 나온 것일지도 모릅니다.

제가 느끼기로는 열다섯 살 이후의 사례가 되면 앞서 언급한 "주변이 공감적이지 않았다", "이해해 주지 않았다"라는 식의 주장이 늘어나는 것 같습니다. 다만 실제 부모와의 관계를 돌이켜보면, 공감적이지 않았다고 생각할 만한 관계가 두드러지는 것도 아니고, 오히려 자녀의 문제를 지적하고 공유하지 못하거나 자녀의 불편한 감정을 마주하는 것을 어려워하는 것 등의 특징이 눈에 띕니다.

이러한 차이점을 지적하는 이유는 제4장에서 제시하는 지원 방침과 크게 관련되어 있기 때문입니다.

아이의 만능감에 공감적으로 반응하지 않았기 때문에 문제가 생겼다는 가설에 근거하면, 지원법은 '공감적으로 관여하는 것'이 핵심이 됩니다. 자기애의 욕구와 상처를 이해하고, 그 감정에 공감함으로써 안정된 기능을 마음속에 녹여 내는 것입니다.

하지만 이 책의 제4장에서 제시하는 지원법은 이와는 조금 다른 방식입니다. 특히 열 살 이전의 사례에 대해서는 공감을 핵심으로 파악하지 않고, 아동의 심리적 과제를 제시하고, 불편한 감정을 경험하게 하며, 그 불편한 감정을 관계성 안에서 해소해 가는 것을 중시하고 있습니다(이 해소해 가는 과정에서 공감이 중요한 요소이기는 합니다).

이 점에 관한 논의는 제4장에서 자세히 다루겠지만, 그 전제에는 '자기애를 어떻게 이해할 것인가'에 대한 인식의 차이가 있다는 걸 알아둡시다.

## 사회적 배경이 아이들의 부적응을 발생시킬 가능성

곧장 구체적인 지원법에 대한 해설로 들어가고 싶지만, 그 전에 한 가지 더 중요한 시점을 설명하려고 합니다.

여기까지 읽은 사람 중에는 "유소년기 시절부터의 부모 개입이 문제가 있구나", "세상의 반대가 적어서 문제가 생기는구나"라고 느끼는 사람도 많을 것 같습니다. 물론 저는 이러한 '세상의 반대'가 적은 것이 문제라고 생각하지만 한편으로는 '세상의 반대'가 적어지게 된 요인에 대해 고찰해 보는 것이 중요하다고 생각합니다.

저는 상담 중에 부모에게 자녀의 부적응을 설명할 때 다음과 같이 이야기합니다. "최근 10년 사이에 이러한 특징을 가진 아이들이 굉장히 많아졌습니다." "물론 가정 내에서의 관계가 영향을 미치지 않는 것은 아니지만 사회 전체에 확산된 가치관의 변화도 큰 요인입니다." "애초에 가정 내에서의 관계도 사회에 만연한 가치관에 영향을 받아 변화하는 것입니다."

요컨대 아이들의 부적응을 초래하는 주변 어른들의 관계는 최근 몇 년간의 사회 풍조의 변화가 만들어 내는 측면이 있다고 보는 것입니다. 이러한 사회 풍조의 변화를 설명함으로써 자신들의 관계를 수정할 수 있는 부모도 있습니다.

물론 사회 풍조와 개인의 문제를 안이하게 연결 짓는 것은 신중해야 합니다. 개인의 문제에 영향을 미치는 요인은 여러 가지가 존재하며, 사회문화적 요인은 그중 하나에 지나지 않기 때문입니다. 하지만 매일 같이 아이들과 그 부모를 만나고 그들의 이야기를 듣다 보면, 그들의 문제가 이 사회의 풍조와 어딘가 이어진 것처럼 느껴지기 때문에 그 점에 대해 몇 가지 의견을 언급해 보려고 합니다.

# 2

# 아이를 불쾌하게 할 수 없는 사회

## 학교가 변화한다는 것의 의미

학교는 타성이 강한 시스템입니다. 이는 입력에서 출력까지 시간이 걸린다는 것으로, 교육에 대해 어떤 작용을 하더라도 '쉽게 변하지 않는다'라는 의미입니다. 이 점은 등교 거부에 대한 대응이나 학교에서 일어나는 다양한 문제에 대한 대처가 느리다는 비판을 받기 쉽습니다. 획일적인 교육에는 문제가 있는데도 좀처럼 개선되지 않는다거나 다양성을 인정하는 형태가 되지 않았다고 하면서 말이지요.

그런데 학교가 타성이 강한 시스템이 된 데는 나름의 이유가 있습니다. 사회적 상황이 아무리 변해도, 세상이 아무리 혼란스럽더라도, 학교는 '그렇게 쉽게 바뀌어서는 안 되기' 때문입니다. 사회 상황이나 세간의 분위기에 따라 학교가 수시로 바뀌어 버리면 다음 세대를 짊어질 아이들에게 안정적인 교육을 제공할 수 없게 됩니다. 교육은 물과 마찬가지로 사회적 공통자본이기 때문에 사회가 아무리 혼란스럽거나 천재지변이 일어나더라도 일정 수준 이상의 질을 계속 제공하는 것이 중요합니다. 사회 전체가 안정적으로 성숙해지기 위해 교육은 '그렇게 쉽게 변하지 않는 것', '그렇게 설계된 제도'인 것입니다.

단, 이런 타성이 강한 시스템을 갖춘 학교도 지난 수십 년간 조금씩 변화하고 있습니다. 예를 들어 성적표 하나만 보더라도 지난 50여 년 사이에 내용이 많이 바뀌었습니다. 50년 전의 성적표는 아이의 문제점을 지적하는 형태로 기술되어 있었지만, 요즘은 그런 내용을 전혀 쓰지 않습니다. 학교가 학생 개인의 특징이나 특성에 대해서 비판적으로 명시하는 것은 완전히 없어졌다고 해도 과언이 아닙니다.

그 밖에도 여러 가지가 달라졌습니다. 성적을 벽보로 붙이는 일도 없어졌고, 먹지 못하는 급식을 앞에 두고 벌서듯 계속 남아 있는 일도 없어졌습니다.

예전부터 변함없이 존재했던 "숙제를 했는데 깜박했어요" 하는 아이에게는 "그럼 내일 가져오렴" 하면 그만입니다. 자칫 잘

못해 "실은 안 한 거 아냐?"라고 말하면 금세 학부모에게서 "우리 애가 거짓말을 했다는 건가요?" 하고 전화가 걸려 오기도 합니다.

저는 과거에 비만 체형이었는데 제가 다녔던 초등학교에서는 남녀를 불문하고 비만인 아이들만 급식 시간에 모아놓고 식사 지도를 하고는 했습니다. 지금 시대에는 상상도 할 수 없는 일입니다.

이렇듯 아이의 특징 및 특성에 대해서는 학교가 함부로 개입하지 않고, 근거가 없는 일에 대해서는 추궁하지 않으며, 아이가 불쾌감을 느낄 만한 참견 또한 학교 입장에서는 상대적으로 하지 않게 되었습니다.

이러한 학교의 변화는 결코 학교 단독으로 일어나는 것이 아닙니다. 사회로부터 끊임없이 입력이 이루어지기 때문에 학교라는 타성이 강한 시스템조차도 변화했다고 보는 것이 타당합니다. 즉 사회 전체에 아이를 불쾌하게 하는 것에 대한 기피감·혐오감이 확산되었고, 이에 따라 학교라는 시스템마저 변화한 셈입니다.

## 불필요한 불쾌감와 성장을 위한 불쾌감

그런데 정말 아이를 불쾌하게 하는 것이 문

제일까요?

아이가 느끼는 불쾌감은 반응 방식 중 하나에 불과합니다. 그 불쾌가 어떤 구조로 생겨나는지를 생각하고 대하는 것이 중요하지, 불쾌하니까 불쾌하게 한 사람이 나쁘다거나 무조건 불쾌감을 제거해야 하는 건 아닐 것입니다.

아이가 느끼는 불쾌감을 제대로 구분하는 것은 대단히 중요한 일입니다.

구분해야 할 불쾌감 중 하나는 '불필요한 불쾌감'입니다. 이를테면 괴롭힘을 당하거나, 인격을 무시당하거나, 폭력을 겪는 일 등 경험하는 것에 아무런 의미가 없는 불쾌함이죠. 이런 것들은 가능한 한 일어나지 않도록 하는 것이 중요하고, 그런 상황을 만난다면 피하거나 도망치는 것이 중요합니다.

또 하나는 '성장을 위한 불쾌감'입니다. 예를 들어 잘못된 점이나 나쁜 점을 지적받거나 자신의 한계를 깨닫게 되거나 타인과의 의견 차이를 경험하는 것 등입니다.

---

**사례①**
## 수학여행 중인 담임교사에게 전화하는 어머니

등교 거부 기질이 있는 고등학교 2학년 여학생의 어머니. 수학여행 중인 담임교사에게 "딸아이가 재미없다며 메시지를 보내 왔으니, 조치 좀 취해 주세요"라고 연락해 왔다.

수학여행 중에는 인간관계가 얼기설기 뒤섞이기 쉬워서(자유 시간에 누구와 돌아다닐지, 버스 옆자리에는 누구와 앉을지, 반 아이중 1명이 돌아오지 않거나 등) 즐겁지만은 않은 것이 일반적입니다. 단, 이런 인간관계의 교착이 일어나면서 아이들이 성장할 기회가 되는 것도 사실입니다. 하지만 이 사례의 어머니는 자녀의 유쾌하지 않은 경험을 철저히 배제하려고 매우 비상식적으로 행동하고 있습니다. 엄마가 아이의 불쾌에 민감하게 반응하기 때문에 아이가 엄마에게 '재미없다'라고 연락한 것이 아닌가 싶고, 지금껏 불쾌를 주장해 엄마를 조종하여 환경을 바꿔 왔을 가능성도 생각할 수 있습니다.

아이가 불쾌해한다고 해서 불쾌감을 유발하는 모든 상황을 배제하고 조작해 버리면 성장에 꼭 필요한 사건을 불필요한 불쾌라고 생각해 회피해 버려, 귀중한 성장의 기회를 잃게 되는 것입니다.

또한 사회 속에서 자신이 실패한 것을 지적받으면 '갑질'이라고 상대를 비난하거나, 단지 상대방이 원하는 대로 해 주지 않는다고 해서 "저 사람 이상하다"라고 치부해 버리면 당연히 성장할 수 없고, 세상 사람들이 "내 뜻대로 되지 않는다"라는 당연한 진리를 터득할 수도 없습니다.

## 변질되고 있는 '칭찬으로 키우기'

아이를 불쾌하게 하는 것에 대한 거부감과 관련이 있을 것 같은 사회 풍조로 '칭찬으로 키우기'가 있습니다. '칭찬으로 키우기'라는 육아 방식은 사회적으로 시민권이라도 얻은 것처럼 보이기까지 합니다. 그런데 상담을 통해 많은 가정을 지켜보면서 이 육아 방식의 의도가 어느새 '자녀의 문제를 지적하지 않기', '부정적인 부분을 보여주지 않기'라는 형태로 변질되었다는 사실을 알게 되었습니다.

본래 '칭찬하며 키우기'는 '부정적인 면을 보여주지 않기'라는 의미가 아닙니다. 긍정적인 부분만 전달하고 칭찬하면서 부정적인 부분은 없는 것처럼 행동하는 건 마음속 깊은 곳에서 아이를 나약한 존재로 여기고 있다는 것입니다. '부정적인 부분을 보여주면 충격을 받아 회복하지 못할 거야', '이 아이에게는 그런 힘이 없을 거야'라고 아이의 힘을 무의식적으로 저평가하고 있기 때문에 아이가 충격을 받을 만한 정보를 속이거나 가공하는 것입니다.

이러한 현실의 가공을 아이에 대한 친절이라고 생각하는 것은 주변 어른들이 가지고 있는 아이를 믿지 못하는 나약함에 대한 핑계입니다.

'자기 긍정감'이라는 말이 있습니다. 각자 여러 사람이 다양하게 정의를 내리고 있지만, 여기서는 문자 그대로 '있는 그대로의 나를 긍정하는 감각'이라고 생각해도 무방합니다.

인간은 누구나 긍정적인 면도 있고 부정적인 면도 있습니다. 그 어느 쪽도 '나의 소중한 일부'라고 여기는 것, 그런 부정적인 면을 가진 자신이라도 '긍정할 수 있다'라는 실감을 가리키는 말이 자기 긍정감입니다.

이 책에서 여러 번 언급해 온 '세상의 반대'는 이런 부정적인 면도 아이에게 제대로 보여주고, '관계성 안에서 불쾌감을 해소한다'라는 것은 부정적인 면이 있는 아이라도 '그런 네가 소중해', '그런 너와 살아갈 각오가 되어 있다'라는 메시지를 전달해주자는 것입니다.

## 하고 싶은 것과 할 수 있는 것

마찬가지로 아이를 불쾌하게 하는 것에 대한 거부감과 맞물려 온 사회 풍조로 '하고 싶은 것을 소중히 한다'라는 것이 있습니다.

언뜻 보기에 하고 싶은 일을 하며 살아가는 건 멋진 일인 것 같습니다. 하지만 이 풍조도 '하고 싶지 않은 일은 하지 않아도 된다'라는 형태로 변질될 위험이 있다는 것을 잊어서는 안 됩니다.

만화 《원피스(ONE PIECE)》 1권에서 주인공 루피는 출항할 때 혼자 배 위에서 "나는 해적왕이 될 거야!"라고 외칩니다. 그야 말로 하고 싶은 것을 외치는 것인데, 이러한 '하고 싶은 일=소망'에는 타인을 필요로 하지 않는다는 특징이 있습니다. 소망은 어디까지나 개인의 생각이며, 타인의 존재는 본질적으로 중요하지 않습니다. 누군가의 승낙을 받지 않아도 "○○을 하고 싶다"라는 소망은 가질 수 있기 때문입니다.

이에 반해 '할 수 있다=가능'에는 타인의 존재가 필요합니다. "나는 ○○을 할 수 있습니다"라고 말할 때는 그 '○○'을 필요로 하는 사람이 곁에 있는 것을 전제로 합니다. 저는 일단 "상담을 할 수 있습니다"라고 말할 수 있겠는데, 이 말은 '상담을 필요로 하는 사람'이 존재하기 때문에 성립되는 말입니다. 혼자 샤워를 하거나 이불 속에 들어갈 때 "저는 상담을 할 수 있습니다"라고 말하지는 않습니다. 거기에는 타인이 존재하지 않기 때문입니다.

우치다 다쓰루 선생은 이러한 '소망'과 '가능' 사이에는 아이와 어른을 가르는 경계선이 있다고 말합니다. 어른이라는 존재는 자신이 누구인지, 앞으로 어디를 향해 나아갈 것인지, 무엇을 이룰 것인지를 자신의 발상이나 독백의 형태가 아니라 타인의 요청에 근거하여 응답이라는 형태의 말로 표현하는 사람을 가리키는 것이며, 이것이 바로 인간 사회가 시작되는 기본 조건이라고 합니다. 애초에 어린아이 시절이란 '할 수 있는 것= 가능성'을 개척하고 확대해 가는 시기입니다. 자신이 무엇을 할 수 있는지, 할 수 있는 범위가 어느 정도인지 그런 것들을 알아가는 시기입니다. 그렇기 때문에 학교를 비롯한 사회에서는 아이들에게 아직 모르는 것을 가르치고 할 수 없는 것도 열심히 해 보라고 하는 것입니다. 그런 활동을 통해 아이들의 가능성을 개척하고 확대하는 것이 학교의 기능 중 하나입니다.

이 시기에 '하고 싶은 것=소망'을 핵심으로 삼게 되면, 가능성의 범위를 모른 채 '할 수 있다'라고 착각하거나 아이의 기분만을 기준으로 미지의 것을 '하기 싫다'며 배제해 버릴 우려가 있습니다.

## 학교와 가정으로 스며드는 사회 풍조

아이에게 불쾌감을 느끼게 하는 것, 칭찬으로 키우고, 소망으로 판단하게 하는 것. 서로 관련이 있을 것 같은 사회 풍조이지만, 이러한 사고방식이 잘못 해석되거나 자신에게 유리하게 변질되거나 극단적으로 편향되어 아이의 성장을 저해할 수 있다는 점을 언급했습니다.

성장에 필요한 '불쾌함을 견디는 폐활량'을 가짐으로써 아이들이 '어제의 나'보다 성숙해지는 것, 못하는 것을 공유함으로써 '어떤 모습의 나라도 이게 나'라고 생각할 수 있는 것, 모르는 것이나 할 수 없는 일에 도전함으로써 '가능의 범위'를 늘리는 것 등은 전부 아이가 사회적으로 성숙해지기 위해 꼭 필요한 것들입니다.

하지만 사회에서는 아이를 불쾌하게 하는 것을 피하고, 못하는 자신을 보류하고, '하기 싫은 일은 하지 않는다'라는 마인드를 기르는 듯한 풍조가 중심이 되어가고 있습니다. 이러한 경향이 강해지는 것은 지금까지의 사회가 아이를 억압해 온 것에 대한 반동인 건지, 요로 다케시(養老孟司) 선생이 말한 서구의 근대적 자아가 도입된 것(유일무이한 '나'가 있고 그것은 본질적으로 변하지 않는다. 그러니 그것을 존중해야 한다. 주변도 인정해야 한다. 방해하는 것은 이상하다)이 관련되었는지 확실하게 말할 수는 없지만 다양한 배경이 있을 것 같습니다. 어쨌든 이 책에서 소개한 아이들의 부적응 증가는 이러한 사회 풍조가 학교와 가정에까지 스며들어 생긴 것이라고 추측할 수 있습니다.

# 바깥세상과 조화를
# 이루는 것에 대한 거부감

제멋대로가 허용되지 않는 바깥세상

제2장에서 언급한 자녀와 부모의 모습에서 바깥세상과 관계 맺는 방식에 상당히 특징적인 모습이 있음을 간파했을 것으로 생각합니다. 그 방식에 대해 아키타현 오가 지방의 풍습인 도깨비 '나마하게'를 통해 생각해 봅시다.

무시무시하게 생긴 도깨비 나마하게가 집에 와서 "나쁜 아이는 없느냐!", "산에 데려가겠다"라고 겁을 주면, 아이는 "착한 아이가 되겠습니다(울음)"라고 약속하고, 부모도 "죄송합니다. 착한 아이로 키우겠습니다"라고 고개를 숙이며 정중하게 대합니다.

우치다 다쓰루 선생은 이러한 일련의 상호작용에는 다음과 같은 사항을 가르치는 인류학적 의미가 있다고 말합니다.

① 집 밖에는 '집의 시스템'과는 다른 바깥세상이 있다.
② 부모라도 바깥세상을 쉽게 바꿀 수는 없다.
③ 그러니 아이들은 바깥세상에 맞춰 가는 것이 중요하다.

어린아이는 집의 시스템을 세상의 전부라고 생각합니다. 이 것은 자연스러운 일이지만 아이가 성장함에 따라 '집과는 다른 바깥세상이 있다'라는 사실을 이해하는 것이 필요해집니다. 도 깨비 나마하게는 지금까지의 '집의 시스템'이 통하지 않는 바깥 세상을 상징하는 존재로 등장합니다. 제멋대로 해서는 허용되 지 않는 바깥세상이 있다는 것을 경험하는 것입니다.

동시에 그런 바깥세상의 제도는 '쉽게 바꿀 수 없다'라는 사실 도 배워야 합니다. 많은 사람이 공존하기 위해서는 규칙이나 법 률 등의 장치가 필요하고 조금 불편하더라도 '다 같이 조금씩 참 는 것'을 통해 모두가 나름대로 쾌적하게 지낼 수 있도록 바깥 세상은 설계되어 있습니다. 바깥세상의 상징인 나마하게에 대해 고개를 숙이고 정중하게 대함으로써 아이에게 '쉽게 바꿀 수 없 는 바깥세상이 있다'라는 세상의 이치를 전달하는 것입니다.

미국의 대표적인 정신과 의사 해리 스택 설리반(Harry Stack Sullivan)은 아동기 아이가 익혀야 할 것은 '협력·경쟁·타협'이라고 했습니다(1953). 학교라는 사회에 가입하는 것은 가정교육의 왜곡이 시정될 수 있는 기회라고 말합니다. 학교사회 속에서 누군가와 협력하거나 경쟁해 그 결과에 따른 감정을 경험하는 일, 자신의 욕구에 대해 타협하는 일 등 가정에서는 하지 않아도 되었던 것을 학교사회에서 몸소 체험하게 되는 것입니다.

## '바깥세상과 조화를 이룰 생각이 없다'라는 마인드

'바깥세상에 맞춘다'라는 이런 사고방식에는 거센 반대의 목소리도 있습니다. "바깥세상에 맞추다 보면 아이의 개성이 사라진다", "동조 압력으로 인해 하고 싶은 말도 못 하게 된다"라는 식이죠.

이런 의견도 일리가 있다고 생각하지만, 최근에는 다음과 같은 사례를 드물지 않게 접하게 되었습니다.

---

사례 ②
### ○○이의 세계를 존중해 주세요

---

어린이집 원아. 모두가 함께 참여하는 활동이라도 자기가 좋아하는 놀이만 하고 있어서 활동에 참여하라고 권유해도

완고하게 거부한다. 부모에게 상담하니 "○○이의 세계가 있으니 그것을 존중해 달라", "싫어하는 것은 시키지 말아 달라"라고 말한다.

이 사례의 부모는 자신의 아이가 나머지 아이들과 다른 활동을 하려면 학급에 배정된 소수의 보육 교사 중 1명이 자기 아이에게 매달려 있어야 한다는 것까지는 생각하지 못하는 듯합니다. 또한, 나머지 보육 교사가 1인당 돌봐야 하는 원아 수가 늘고, 그것이 돌이킬 수 없는 사고로 이어질 수 있다는 위험도 고려하지 않는 것입니다.

이런 사례들을 접할 때마다 애초에 처음부터 집단에 섞이려는 노력이나, 집단 내에서 주변 환경에 맞춰 자신을 변화시키는 것을 방기하고 있다는 인상을 받습니다. 말하자면, '바깥세상과 조화를 이룰 생각이 없다'라는 입장을 견지하고 있는 것입니다.

물론 발달장애, 선천적 재능, 그 밖의 특성이 들쑥날쑥한 점 등 아이가 환경에 조화를 이루기 어려운 요인은 여러 가지 있을 수 있습니다. 만약 환경과 조화를 이룰 의향은 있지만 이루기가 어려운 아이라면, 주변 어른들이 그 아이의 특성을 잘 파악하여 곤란함을 줄여 주고, 그 환경에 적응하기 쉽도록 최대한 노력해 가는 것이 중요합니다.

하지만 그들이 환경과 '조화를 이룰 생각이 없다'라고 한다면 어떻게 해야 할까요? '나에게는 개성이 있다. 다른 사람과는 다르다. 주변에서는 그런 나를 소중히 여겨야 한다. 나는 변할 생각이 없다.' 이런 마인드를 가진 사람이 "나에게 맞게 환경으로 바꿔 달라"고 요구해 온다면 그 요구에 당혹감을 느끼는 것이 당연하지 않을까요?

### 개성이란 타인과의 관계에서 배어 나오는 것

이런 '바깥세상과 조화를 이룰 생각이 없다'라는 마인드가 생기는 요인 중 하나는 개성에 대한 잘못된 인식에 있다고 생각합니다.

개성을 '남들과 다른 것'이라고 생각하는 사람들이 있습니다. 그래서 주변에 맞추는 것에 부정적인 감정이 생기고, 그렇게 굳게 믿는 사람일수록 학교에서 획일적인 교육을 받거나 남들과 똑같이 하는 것을 개성을 해치는 일이라고 생각하는 경향이 있습니다.

하지만 개성이란 게 과연 그런 것일까요? 남들과 똑같이 하면 정말로 개성이 자라지 않을까요? 저는 인간의 내면에 있는 개성이라는 존재가 그 정도에 훼손될 만큼 어설픈 것이라고 생각하지는 않습니다.

　가부키[7]나 라쿠고[8]를 생각해 봅시다. 그 내용은 오랜 세월 동안 변함이 없습니다. 많은 배우와 라쿠고가들이 같은 내용의 공연을 계속하고 있을 것입니다. 하지만 어떤 배우가 연기하고, 누가 만담을 하느냐에 따라 차이가 있습니다. 그래서 "저 사람은 카리스마가 있네", "이 사람의 서민 이야기 라쿠고는 색다르구나" 하는 등의 다양한 감상이 나오는 것입니다. 다시 말해 같은 내용으로 공연을 해도 그 사람만의 분위기나 개성이 묻어나는 것입니다.

　개성이란 그런 것입니다. 다른 사람이랑 똑같은 것을 하고 있다고 해서 그런 표면적인 것으로 죽일 수 있는 성질이 아닙니다. 개성은 '다른 사람과 똑같은 일을 하고 있어도 묻어 나오고 마는 것'입니다.

　물론 개성을 발견하는 것은 하루아침에 이루어지지 않습니다. 어느 정도의 기간을 두고 주변 사람들과 같은 일을 하지 않

---

7) 17세기 에도시대부터 전해져 온 일본의 전통 연극.
8) 무대 위에 한 사람의 화자가 앉아 목소리 톤과 몸짓을 이용해 이야기하는 형태의 일본 전통 예술.

으면 남들과 다른 부분이나 색다른 점이 무엇인지를 알 수 없습니다. 사회가 제시하는 것을 받아들이고 그것을 반복하는 일상이 필요한 법인데, 그 자체가 즐거운 일만은 아닐 것입니다. 하지만 이런 기간이 있기 때문에 '남들과 같은 일을 하면서 그 속에서 발견한 개성'을 가진 사람은 '사회에서 고립되어 있지 않다'고 할 수 있습니다.

그러나 남들과 똑같은 일을 해서는 개성이 자라지 않는다고 생각하는 사람은 타인과의 관계를 중시하지 않게 됩니다. 타인과 관련되어 있으면 그만큼 개성과 멀어진다고 생각하기 때문입니다. 하지만 타인과의 관계를 전제로 하지 않는 개성이란 설령 정말로 독창성이 있다 하더라도 고립의 냄새가 나게 되고 맙니다.

## 온리 원과 원 오브 뎀

개성과 비슷한 사고방식으로 '온리 원(only one)'이라는 표현이 있습니다. 예전에 '세상에 하나뿐인 꽃(世界に一つだけの花)[9]'이라는 노래가 크게 유행한 적이 있었는데, 그 무렵부터 폭발적으로 확산되었던 개념으로 기억합니다. "나는 온

---

9) 일본의 남성그룹 SMAP가 2003년에 발표한 곡으로, 우리는 저마다 고유한 존재이기에 소중하다는 의미의 가사가 큰 사랑을 받았다.

리 원이니까", "우리 아이는 온리 원이니까"라는 목소리에 대해 현대에 들어서는 이의를 제기하기 매우 어려운 풍조가 있습니다.

하지만 온리 원이라는 개념은 사회와 조화를 이루려 하지 않거나 사회의 요구에 응하지 않는 것과는 다른 이야기입니다. 내가 아무리 유일한 존재라고 해도 많은 사람 중 하나라는 사실은 변하지 않습니다. 그 사실을 무시하고 사회 속에서 온리 원으로 행동하면 할수록 사회로부터는 조화롭지 못한 사람으로 취급받을 우려가 있습니다. 그런 취급 방식은 아마도 "나는 온리 원"이라고 주장하는 사람이 소망하는 그것과는 큰 차이가 나게 될 것입니다.

정신과 전문의 나카이 히사오(中井久夫) 박사는 인간의 정신 건강 조건으로 '온리 원=유일한 나'라는 자각과 '원 오브 뎀(one of them)=많은 사람 중 하나'라는 자각의 균형을 꼽습니다. 이는 서로 모순되는 말이지만 그 모순을 더 이상 자세히 따지지 않는 상태가 중요하다는 것입니다.

개성 존중이든 온리 원이든 중요한 것은 균형입니다. 개성을 존중한 나머지 집단과의 조화를 경시해서는 안 되고, 온리 원에 무게를 둔 나머지 '원 오브 뎀'임을 받아들이지 못해서는 곤란합니다.

저는 이러한 개성과 온리 원에 대해 편향된 사회 풍조가 이 책의 제2장 서두에서 언급한 뜻대로 되지 않는 것을 견디지 못하는 아이들의 상태를 만들어 내고 있다고 생각합니다. 어릴 때부터 개성 존중이니 온리 원이니 하는 주제를 핵심에 두고 자라 온 아이들이 막상 학교라는 바깥세상에 나가면서 조화의 어려움, 환경에 대한 불쾌를 호소하는 것은 당연하다면 당연합니다.

또한 개성 존중이나 온리 원이 변질되어 아이들의 부정적인 측면을 외면하는 방패막이가 되었다면, 아이들은 마음속 깊은 곳에 자리한 좌절감을 공유할 기회도 얻지 못하고, 그 좌절감을 감추듯 완벽한 자아상을 전면에 내세우는 것도 무리가 아니라고 할 수 있지 않을까요?

# 외벌적인 풍조가 미치는 영향

## '부끄럽다'에서 '두렵다'로 바뀌다

마지막으로 외벌적(外罰的) 풍조에 대해 이야기하며 3장을 마무리할까 합니다. '외벌적'이란 간단히 말해서 남의 탓, 상대의 잘못 등과 같이 문제의 원인을 자신의 외부에 귀속하는 태도를 가리킵니다. 이 책에서 소개하는 부적응을 보이는 아이들과 그 부모들에게서 흔히 볼 수 있는 마인드이기 때문에 자세히 살펴보겠습니다.

과거의 대표적인 대인공포증 증상으로 적면공포(赤面恐怖)가 있었습니다. 사람들 앞에 나서면 불안과 긴장으로 얼굴이 붉어지는 것인데, 이를 자각하면 더욱 더 붉어지는 상태로, 사춘기에 많이 나타나며 이로 인해 타인과의 접촉을 피하게 되는 등 사회적 불이익이 발생하기 쉽다고 알려져 있습니다. 이러한 적면공포증을 겪는 사람이 호소하는 것은 '부끄럽다'라는 감정이었습니다.

하지만 최근 적면공포증 환자가 보이는 부끄러움의 감정에 기반하는 심리적 문제는 눈에 띄게 자취를 감췄습니다. 그 대신 자주 호소하게 된 것이 '두렵다'라는 감정입니다. 이 두려움의 호소가 증가하는 추세는 제2차 세계대전이 끝난 1945년부터 1990년대에 걸쳐서 서서히 나타나게 되었다고 알려져 있습니다.

'부끄럽다'와 '두렵다'라는 정신의 내면에서 발생하는 메커니즘은 상당히 다릅니다. '부끄럽다'라는 경험은 자신의 내면에서 발생한 감정 체험이 자신의 것이라는 인식이 있기 때문에 발생하는 것입니다. '이런 것이 내 안에 있다니 부끄럽다'라는 느낌이라고 생각하면 됩니다. 반면, '두렵다'라는 경험은 내 안에 있는 것이 타인에게 투사되고, 투사된 것이 나를 향해 오기 때문에 생깁니다.

예를 들어 자신이 어떤 상태의 사람을 바보라고 생각한다고 가정해 봅시다. 그런데 자신이 그 상태가 되었을 때 자기 자신을 바보라고는 받아들일 수는 없기 때문에 타인에게 투영해,

그 타인이 '나를 바보라고 한다'라고 느끼는 것입니다. 즉 자기 안에 있는 부정적인 감정 체험을 '내 것'이라고 인정하지 않고, 그것을 외부에 있는 것으로 간주하기 때문에 '두렵다'라는 감정 이 생기게 됩니다. 자신의 내면에 있는 것을, '내 것'으로 인식 하는지의 여부가 '부끄럽다'와 '두렵다'의 큰 차이점이라고 할 수 있습니다.

또한 이렇게 '두렵다'라고 호소하는 사람은 당연히 타인으로 부터 '상처받았다'라고 느낄 일이 많아집니다. 원래는 자기 자 신의 감정이었더라도 그것을 타인에게 투영한 뒤 자신을 향했 다고 느끼며 상처받는 것입니다.

바꿔 말하면 '부끄럽다'라는 호소는 나를 탓하는 태도를 반영 한 것이라고 할 수 있습니다. 하지만 '두렵다'거나 '상처받았다' 라는 호소는 결국 자신을 상처 주는 타인을 탓하는 태도가 됩 니다. 정신과 전문의 나리타 요시히로(成田善弘) 박사는 이러한 특징에 대해 "그들은 자기의 분노나 공격성을 인격 밖으로 제 외시켜 외부 세계에 투영함으로써 인격의 통합을 유지하고 있 을 것이다"라고 말했습니다.

이러한 나를 탓하는 태도에서 타인을 탓하는 태도로의 변화 가 '부끄럽다'에서 '두렵다', '상처받았다'라는 호소의 변화로 이 어졌다고 생각됩니다.

## 타인을 탓하는 태도로 살아간다는 것

나를 탓하는 태도에서 타인을 탓하는 태도로의 변화는 아이들에게도 뚜렷하게 나타납니다. 타인과의 사소한 다툼을 괴롭힘으로 낙인찍거나 자신에게 일어난 불쾌한 일에 대해 '○○당했다'라는 피해 의식이 실린 문체로 이야기하는 데서, 나를 탓하는 태도에서 타인을 탓하는 태도로의 변화가 시시각각 아이들에게도 일어나고 있음을 느끼게 합니다.

불쾌의 원인을 타인에게 돌리면 일시적으로는 자신의 문제를 잠시 뒤로 미루고 가벼운 마음을 경험할 수도 있지만, 모든 일에는 위험이 따르기 마련입니다. 여기서는 타인을 탓하는 태도로 살아갈 때 발생하는 몇 가지 우려를 짚어볼까 합니다.

우선은 타인을 탓하는 태도로 살아가다 보면 아무래도 대인관계를 '가해자 – 피해자'라는 틀에서 바라보는 경우가 많아집니다. 좀더 자세하게 말하자면, 대인관계에서 발생하는 "피장파장이고 양쪽 다 잘못했다", "상대에게 악의는 없었다"라는 사건들이 "상대방이 잘못했다", "나는 피해자"라는 인식이 생기기 쉽다는 것입니다.

## 학교에서 녹음하는 남자아이

초등학교 6학년 남자아이. 같은 반 남자아이에게 "괴롭힘을 당하고 있다"라고 말한다. 그 아이가 몸을 부딪히는 행동 같은 걸 하지만 발달 시기상의 특성이기도 하고, 다른 아이들에게도 같은 행동을 한다. 두 아이가 쉬는 시간에 함께 노는 경우가 많다 보니 더 자주 문제가 발생한다. 그러자 부모는 아이에게 녹음기를 가져가게 해서 학교 안에서의 일을 녹음하거나 당한 일을 낱낱이 기록하라고 이야기했고, 남자아이는 부모 말대로 움직였다. 그러다 보니 그 남자아이가 '눈앞을 지나갔다', '눈길을 돌렸다' 등 괴롭힘이라고는 할 수 없을 만한 일에도 과민하게 반응하게 되었고, 그때마다 부모는 학교에 연락해 개선을 요구한다.

물론 처음 이 남자아이가 당했던 일은 괴롭힘일 수 있습니다(괴롭힘의 판단 기준은 당하는 당사자가 불쾌감을 느끼는지 여부이기 때문에). 하지만 '나는 피해자'라는 프레임을 씌워 외부 사건을 계속 인식함으로써 주변에서 하는 모든 일이 자신을 향해 악의가 담긴 것으로 해석되는 구절이 있습니다.

문제는 부모가 이 상황에 적극적으로 협조하고 있다는 점입니다. 사례 후반부에서처럼 괴롭힘으로 인정하기에는 무리가 있는 일들에 대해서도 부모는 개선을 요구해 왔지만, 중립적인 사건이라도 '악의가 있다'라고 인식해 버린 상황에서는 개선을 기대할 수 없습니다. 이처럼 사례가 도를 넘을 경우, 본인이 가해자를 만들어 내는 사람이 되어 주변에서 멀리할 것이고, 이를 또다시 피해의식으로 받아들이는 악순환에 빠질 우려가 있습니다.

이렇듯 피해자라는 상황 속에서 살아간다는 것은 바깥세상에서 일어나는 다양한 사건을 그 틀 안에서 해석하는 형태가 되기 쉽다는 것입니다.

타인을 탓하는 태도의 까다로운 점은 그 외에도 있습니다. 그것은 '자신의 문제를 자신의 문제로 다루기가 어려워진다'라는 점입니다. 구체적인 사례를 살펴보겠습니다.

---

**사례④**
### 어머니를 거만한 태도로 부리는 고등학생

---

등교 거부 경향이 있는 여고생. 학점 이수가 불안해져 어머니가 등교를 재촉하자 "가려고 했는데 엄마가 그렇게 말하니까 갈 마음이 없어졌다"라고 말한다. 또한, 어머니를 무시하는 듯한 언행이 눈에 띄는데 "엄마 아빠가 멋대로 낳은 거

니까 평생 내가 말하는 대로 하는 것이 부모의 의무"라고 쏘
아붙인다. 부모의 신용카드로 좋아하는 아티스트의 굿즈를
사거나 콘서트에 가는 등의 행동을 반복하고 있다.

저는 상담을 할 때 눈앞에 있는 사람이 정신적으로 성숙한 개
인일 것을 기대한다는 자세를 유지하는 것이 중요하다고 생각
합니다. 물론 불우한 성장과정이나 부모의 문제 행동 등은 안
타까운 일이지만, 인내심을 가지고 상담을 진행하면서 자기 자
신의 언행에 조금씩 책임질 수 있도록 해야 합니다.

하지만 '상대가 잘못했다'라는 자세를 관철하고 문제를 주변
탓으로 돌리는 사람일수록 자신의 문제를 자기 것으로 인식하
기가 어렵습니다. 이 사례의 경우, "부모가 멋대로 낳았다"라고
쏘아붙이는 본인의 마음속에는 이 세상에 태어난 것에 대한 고
통과 부모를 향한 깊은 절망과 분노가 있을지도 모릅니다. 이
부분에 대한 이해와 함께 본인이 자신의 문제를 자기 것으로
다룰 수 있도록 노력하는 것이 중요합니다. 그것은 결국 본인
이 자신의 삶을 책임질 줄 아는 사람이 되기 위해 필요하기 때
문입니다.

덧붙여, 자녀가 부모에게 겪은 부정적인 경험에 대해서는 그
사정을 잘 들어보면 왜 그런 상황에 처할 수밖에 없었는지를

이해할 수 있는 경우가 많습니다. 상담사 같은 중립적인 위치의 지원자가 이러한 사정을 구체적으로 설명하거나 도움을 줄수 있다면, 부모와 자녀가 빠르게 서로를 이해하게 될 수 있다는 점도 알아두어야 합니다. 물론 그 전에 자녀가 당시에 느꼈을 분노, 원망, 두려움, 슬픔이 충분히 표출되고 이해받고 있다는 것이 전제되어야 합니다.

## 자유와 책임의 연동성 배우기

이러한 타인을 탓하는 태도로 인한 불이익을 막기 위해 어떤 관계와 예방이 중요한지 이야기해 보려고 합니다.

---

**사례⑤**
### 금발을 하고 싶다는 아이

---

중학교 1학년 여학생의 어머니. 학교 상담 교사와의 면담 중에 "아이가 여름방학에 금발을 하고 싶다고 했다", "엄마 입장에서는 여름방학 동안만이라면 괜찮을 것 같다", "학부모 총회에서 선생님에게 상담했더니 떨떠름한 표정은 지었지만 안 된다고 하지는 않았다"라고 말한다.

이에 대한 저의 답변은 다음과 같았습니다.

• 학교 상담사 입장에서 중요하게 생각하는 것은 금발을 함으로써 일어나는 여러 가지 일들을 자기 책임으로 받아들일 수 있는지 여부이다. 예를 들어 교사로부터 지도를 받거나 개학 직후 주변에서 "금발 했었다며?"라는 말을 듣는 등 지금까지는 일어나지 않았던 일들이 금발로 인해 발생할 수 있음을 예상할 수 있다.

• 본인이 이러한 사건에 대해 '이것은 내 책임'이라고 생각할 수 있다면 그걸로 충분하다(어디까지나 학교 상담사의 입장이라면).

• 반대로, '자신이 한 행동의 결과'임에도 불구하고 주변을 향해 화를 내거나 부정적으로 해석하여 "괴롭힘이야!"라고 말하거나 "엄마가 말리지 않아서"라고 책임을 전가한다면, 아직 자신의 행동에 책임을 질 만큼 성숙하지 않았다는 뜻이므로 금발을 하는 것은 지양하는 게 어떨까 생각한다.

사회적 성숙의 요건 중 하나로 자신의 책임 범위를 자각하고 그 범위 안에서 움직이며 거기서 발생한 일의 책임을 지는 것을 들 수 있습니다. '책임 범위를 자각한다'라는 것은 자신이 어디까지 결정해도 되고 간섭해도 되는지, 어떤 행동까지 해도 되는지 등에 대한 자신의 사회적 지위를 고려한 이해가 됩니다. 사회적으로 성숙한 사람일수록 이 범위를 분명히 이해하고 자신의 언행을 절제할 줄 압니다.

이 점에 관해서 초등학생이나 중학생은 미숙한 경우가 많습니다. 오히려 이러한 '책임의 범위'를 일탈 행동을 포함한 다양한 경험 속에서 한창 배우는 시기라고 할 수 있습니다. 이 부분을 성숙하게 하려면, 부모를 비롯한 주변 어른들이 자신의 책임 범위를 이해하고 그것을 지키는 모습을 보여주는 것, 아이가 자신의 책임 범위를 넘어섰을 때 주의를 주는 것, 거기서 나오는 아이의 감정을 받아주는 것 등이 중요합니다.

참고로 상담에 온 어머니는 "우리 아이는 아마도 주변 사람에게 화내거나 엄마 탓이라고 하지, 자신의 행동 결과라고 생각하지 않을 것 같아요. 금발 염색은 하지 말라고 해야겠네요"라고 말했습니다. 물론 아이에게 "금발 염색은 안 하는 게 좋겠다"라고 말하면 거기서 또 말다툼이 생길 것이고, 아이는 그것이 재미있지는 않겠지만 '금발 염색'이라는 자유와 권리를 행사하는 것에 포함된 의무와 책임이라고 할 수 있습니다.


자신의 책임 범위를 안다는 것은 자신의 자유 범위를 아는 것이며, 또한 자유에 따르는 의무와 책임에 대해서도 이해하는 것입니다.

　최근 음식점 등에서 청소년들의 도를 넘는 언행에 대해 기업이 손해배상청구 등 단호한 대응을 하는 추세를 보이고 있습니다. 지나친 언행은 그들이 스스로 책임의 범위를 경험으로 배우지 않았던 것이 영향을 미치고 있는 것은 아닐까요? 또한, 기업이 엄격한 대응을 하게 된 것도 이러한 책임 범위를 모르는 사람들에 대한 대응책은 아닐까요. 그런 식으로 연상하는 것이지요.

# 누구의 문제일까?

누구나 한 번쯤은 "공부해라", "방 정리해라"라는 부모님의 말을 듣고 짜증이 난 경험이 있을 것입니다. 부모 입장에서는 자식을 위해 하는 말이겠지만 자식 입장에서는 그저 시시콜콜한 부모의 잔소리로밖에 들리지 않습니다. 그야말로 "부모 마음을 자식이 어찌 알까"입니다. 자식을 위해 하는 말인데, 자식은 왜 그 말을 잔소리라고만 느끼는 걸까요?

거기에는 다양한 설명이 있겠지만, 그중 하나로 유효한 것은 제2장의 칼럼에서도 설명한 부모와 자식 간의 단계가 어긋나서 생긴다는 것입니다. 아이가 무엇을 언제 할 것인지 스스로 결정할 수 있는 나이가 되었음에도 불구하고, 부모는 아이를 목소리가 닿을 수 있는 범위에 두고 아이 행동에 간섭한다는 이 어긋남으로 인해 반항이 발생한다는 겁니다.

또 다른 설명으로는 부모가 자신의 과제와 아이의 과제를 분리하지 못하고 있다고 할 수 있습니다. '과제 분리'는 오스트리아의 정신의 학자인 알프레드 아들러(Alfred Adler)가 제창한 개념입니다. 아들러는 인간의 고민과 문제는 모두 대인관계에서 발생하기 마련이며, 이러한 대인관계의 고민과 문제를 낳는 한 가지 요인이 바로 과제를 분리하지 못했다는 것이라고 설명합니다.

과제 분리란 무엇일까요? 간단히 말해서 '그 일로 인해 곤란한 사람이 누구인지'를 명확히 인식하고 곤란하지 않은 사람이 그 일에 관여하지 않도록 하는 것이라고 합니다. 예를 들어 부모가 자식에게 "공부해라"라고 하는데 공부를 하지 않으면 곤란한 사람은 누구일까요? 공부를 못해서 힘들어하거나 주위에서 무시당하거나 원하는 학교에 진학하지 못하거나 고등학교라면 유급도 있을 수 있지만, 그런 일들이 발생해서 곤란한 것은 어디까지나 아이입니다. 즉 공부를 하느냐마느냐는 자식의 과제라고 할 수 있습니다. 반면, 아이가 공부를 안해서 부모가 곤란한 것은 무엇일까요? 물론 유급하게 되면 1년 치 학비가 더 드는 등의 문제가 발생할 수 있지만 실제로 부모가 곤란할 일은 특별히 없습니다. 그럼에도 불구하고 부모가 자녀에게 "공부해라"라고 말하는 것은 부모가 자녀의 과제에 함부로 간섭하려는 것이 되기 때문에 문제의 원인이 됩니다.

물론 세상이 그렇게 단순하고 깔끔하게 구분할 수 있는 경우만 있는 것은 아니지만, 적어도 "이 일로 인해 가장 곤란한 사람은 누구인 가?"를 생각해 보면 '누구의 과제인가?'를 조금은 의식할 수 있다고 생각합니다.

다만, 그래도 "아이를 생각해서", "아이를 위해서"라고 말하거나 무 언가를 하는 것은 부모의 본성이라고 할 수 있습니다. 하지만 그 대 부분은 헛수고로 끝나고, 부모와 자식 간의 갈등만 낳는 경우도 있습 니다. 예전에 고등학생 딸을 둔 어머니의 상담에 응한 적이 있습니다. 딸의 교복 치마가 너무 짧아 늘 속옷이 보일 것 같아 걱정이었습니다. 매일 아침마다 "치마 길게 입어라"라고 말하곤 하지만, 아이는 "이게 예쁘다", "다른 아이들도 다 이 정도 길이다"라며 고집을 부리며 고치 려 하지 않아서 아침마다 싸운다고 했습니다. 그러면서 어떻게 말해 야 딸이 치마를 길게 입어줄까를 상담했습니다.

이때 '치마 길이는 누구의 과제인가?'를 생각해 보면 됩니다. 치마 가 짧으면 누군가에게 속옷이 보이거나 불미스러운 일을 겪을 수도 있지만 그것은 딸이 곤란해할 일입니다. 즉 치마 길이는 딸의 과제이 지 엄마의 과제가 아닌 것입니다. 따라서 매일 아침 "치마를 길게 입 어라"라고 말하는 것은 딸의 과제에 간섭하는 것이기 때문에 다툼이 생기는 건 당연합니다. 그래서 저는 그 어머니에게 이렇게 물었습니 다. "어제 길게 입으라고 말했는데 오늘 그렇게 하지 않았어요. 그럼

오늘 길게 입으라고 말하면 내일은 길게 입을 것 같습니까?"라고 말이지요. 어머니의 대답은 당연히 "아니오"였습니다(이것을 논리적 종결이라고 합니다). 부모가 자녀의 과제에 간섭하는 것은 자신의 말로 자녀가 움직이고 변화할 것이라고 생각하기 때문입니다. 하지만 실제로는 자기 자식이라 할지라도 타인을 변화시키는 일은 어렵습니다. 반면, 자신의 언행을 바꾸기는 쉽습니다. 매일 아침 딸과 싸워서 기분 나빠지는 것이 싫다면 이것은 엄마의 과제입니다. 그렇다면 싸움을 하지 않으려면 어떻게 해야 할까요? 그것은 "치마를 길게 입어라"라는 말을 그만두는 것, 즉 딸의 과제에 간섭하기를 그만두는 것이며, 어머니 자신의 언행을 바꾸는 것입니다. 이렇게 함으로써 적어도 매일 아침의 싸움은 없어질 것입니다.

덧붙여, 이 이야기는 후일담이 있습니다. 몇 달 후, 어머니와 다시 만날 기회가 있었습니다. "따님의 치마 길이는 어떻게 되었나요?"라고 제가 물었더니, 친구 무리 중 1명이 치마를 조금 길게 입더니 딸을 포함해 모두가 그걸 따라 하게 되어서 길어졌다고 하더군요. 그리고는 "제가 매일 아침 말할 때는 안 바뀌더니 친구가 바꾸니까 금세 바뀌네요"라며 어딘가 조금 아쉬운 듯한 표정이었습니다. 하지만 그건 당연한 일입니다. 앞서 말했듯 치마 길이는 딸의 과제라서 딸이 바꾸려고 하면 금방 바꿀 수 있지만, 엄마가 딸의 과제에 간섭한다고 해서 바뀌는 것이 아니기 때문입니다.

과제 분리가 되지 않는 것에는 또 다른 문제가 있습니다. 그건 바로 부모가 자녀의 책임을 떠안음으로써 결과적으로 자녀가 자신의 언행에 무책임하게 되어버린다는 것입니다. 깜박하고 안 챙긴 물건을 부모가 학교에 가져다주는 경우가 있습니다. 물건을 안 챙겨서 곤란을 겪는 건 아이의 문제이지, 본래 부모가 간섭할 일이 아닙니다. 하지만 '아이가 곤란해할 것'이라는 생각에 부모는 빠뜨린 물건을 가져다주고, 아이는 곤란할 일 없이 수업을 받을 수 있습니다. 아침에 늦잠을 자고 "엄마, 왜 안 깨워줬어!"라고 화를 내는 아이가 있는데, 이는 아침에 일어나는 것은 아이의 과제인데, 지금까지 부모가 그 과제에 간섭하고 책임져 왔기 때문에 아이는 자신의 과제임에도 불구하고 부모가 대신 떠안고 책임져 줄 거라고 굳게 믿고 있는 것입니다. 이렇게 부모가 과제를 분리하지 않으면 아이는 그 간섭을 불쾌하게 느끼든지 자신의 과제도 전부 부모가 해결해 줄 거라고 착각하게 됩니다.

부모가 무심코 '아이를 위해서'라는 생각으로 해 버리는 일들이 결과적으로는 아이를 위해서가 아닌 경우가 적지 않습니다. 자녀와의 관계 방식(중·고등학생의 경우에는 부모와 관계 맺는 방식)을 과제 분리 관점에서 재검토해 보는 것은 어떨까요?

제 4장

‘부정적인 나’를
받아들인다는 것

# 1

# '부정적인 나' 받아들이기

## 꼭 생각해야 할 지원의 목표

　　　　　이 장에서는 구체적인 지원 방법을 살펴보려고 합니다. 지원의 방향성을 생각하기 위해, 우선은 부적응을 보인 아이들이 최종적으로 어떤 모습으로 개선되는 것을 목표로 해 지원해야 하는지에 대해 말하겠습니다.

　이솝 우화에 '금도끼 은도끼'라는 이야기가 있는데, 《도라에몽》[10]에는 이 이야기를 모티브로 한 '나무꾼의 연못'이라는 비

---

10) 《도라에몽(ドラえもん)》은 만화가 후지코 후지오가 그린 어린이 만화다. 1969년 쇼가쿠칸의 학년별 학습잡지에서 연재가 시작되었고, 애니메이션으로도 제작되었다.

밀 도구가 있습니다. 이 연못에 물건을 넣으면 여신 모양의 로봇이 나타납니다. 이때 물건은 길가에 떨어진 돌멩이나 음식물 또는 생물(인간을 포함한 동물)이라도 괜찮습니다. 여신 로봇은 연못에 떨어뜨린 물건과 성질은 같지만 등급이 높은 물건을 손에 들고 "당신이 떨어뜨린 것은 이 ○○(고급 도라야키)입니까?" 하고 묻습니다. 이때 진구가 "제가 떨어뜨린 것은 △△(일반 도라야키)입니다"라고 정직하게 대답하자, 여신이 "정직에 대한 보상으로 이쪽 것을 드리겠습니다" 하더니 등급이 높은 새 물건을 진구에게 주었다는 이야기입니다(이 이야기를 자세히 알고 싶은 분은 '잘생긴 퉁퉁이'로 검색해 보세요).

앞에서 언급한 '문제가 개선된 모습'이란 이 연못에 '약하고 부족한 면이 있는 나'를 던져 넣고 '약하고 부족한 면이 있는 나'와 '그런 약점이 없는 깔끔한 나'가 눈앞에 나타났을 때, 그럼에도 '약하고 부족한 면이 있는 나'를 선택할 수 있는 상태라고 생각합니다. "'약하고 부족한 면이 있는 나'이지만 그런 모습까지 포함한 것이 나 자신이다. 지금의 나를 만들어 낸 일부에는 누가 뭐래도 내 약점이 필요한 것이다. 이 약점이 없으면 나는 내가 아니게 된다. 나는 나 자신이고 싶다." 자신을 그렇게 받아들일 수 있는 상태, '약하고 부족한 면이 있는 나'도 나 자신의 일부임을 인정하고 받아들일 수 있는 상태를 목표로 지원해 가는 것입니다.

## '부정적인 나'와 마주하기

이를 단적으로 말하자면 '부정적인 나'를 받아들이는 것이 됩니다.

이 책에서 반복적으로 언급하고 있지만, 아이들이 '부정적인 나'를 받아들여 가기 위해 필요한 것은 주변 어른들이 부정적인 면이 있다는 사실을 인정하고, 그것을 아이와 공유하는 것입니다. 나아가 부정적인 면이 있더라도 계속 관여하는 것, 아이가 '부정적인 나'를 느낄 때의 불편한 감정을 어른과의 관계 안에서 해소해 가는 것이 중요합니다.

이것은 생각해 보면 당연한 일입니다. "부정적인 면을 가진 너와도 함께 살아갈 거야"라는 메시지는 아이 스스로 '부정적인 나'를 느낄 때 보내지 않으면 의미가 없습니다. 잘 풀리지 않는 상황을 계속 회피하거나 완벽한 자아상으로 자신의 취약함을 감추고 있을 때 "부정적인 면을 가진 너와도 함께 살아갈 거야"라는 메시지를 아무리 전해도, "무슨 말을 하는 거야?"라는 반응이 나올 수 있기 때문입니다.

아이에게 '부정적인 나'를 마주하게 하는 방법은 매우 다양합니다. 부모나 상담사가 자신의 취약한 점을 스스로 드러내고 "못 하는 게 있는 건 자연스러운 거야" 하고 대수롭지 않게 전달하는 것만으로도 효과적인 경우가 있습니다. 또한 부모가 자녀의 숙제를 확인할 때 틀린 부분에 대해 "이런 부분이 약하구나" 하고 확인하는 것도 자녀의 부정적인 면을 공유하는 셈입니다.

다만, 방법은 여러 가지가 있지만 아이에게 '부정적인 나'를 마주하게 하는 일은 역시 쉽지 않습니다.

왜냐하면 이 책에서 소개한 '뜻대로 되지 않는 것을 견디지 못함', '완벽한 자아상', '마음속 깊은 곳에 자리한 좌절감' 같은 특징을 가지고, 학교라는 사회적 상황으로부터 멀어지는 부적응을 보이는 아이일수록, 이러한 부정적인 자신과의 직면을 회피하는 마음의 생활습관이 배어 있기 때문입니다. '부정적인 나'를 느끼는 상황을 무의식적으로 회피하거나 그런 상황이 되면 신체 증상이 나타나거나 누군가를 탓하며 자신의 문제에서 눈을 돌리거나 현실을 인정하지 않거나 환경을 조작하는 등 마음의 충격을 피하기 위한 다양한 유형을 익혀 버린 것입니다.

그런 의미에서 실제로 학교에서 부적응을 보이는 아이가 스스로 부정적인 측면을 마주할 수 있도록 촉진하는 핵심 사항을 소개하도록 하겠습니다.

## '부정적인 나'를 마주하게 하기 위한 요점

아이가 '부정적인 나'를 느끼게 하는 상황과
마주하게 하는 방법은 아이의 상태에 따라 상당히 달라집니다.
하지만 많은 사례를 통해 공통적으로 말할 수 있는 것들도 있기
에 다음 네 가지로 나눠서 말해 보겠습니다.

### ① 바깥세상과의 관계를 통해 성장한다

싫어하는 대상을 회피했다거나 학교에 가는 것을 힘들게 느
꼈더라도 학교생활을 지속하는 쪽이 개선과 성장은 빠릅니다.
학교생활을 하다 보면 규칙에 부딪히거나 자기 실력에 직면하
는 경험을 수시로 할 수밖에 없습니다. 그리고 그러한 경험에
수반되는 상처와 불편한 감정을 지지받는 경험도 생기기 쉽습
니다. 이러한 '바깥세상에서의 상처+지지받음'이 한 세트로 발
생하기 쉬운 상황을 유지해 두는 것이 지원에 있어 중요합니다.

자녀가 바깥세상에서 지내는 것을 중요하게 여긴다면, 너무
아이의 불쾌감에 근거해 대응을 결정하는 건 생각해 볼 문제입
니다. 기존의 등교 거부 지원 방식에 익숙해진 지원자일수록
아이에게 '무리하지 않도록'이라는 방침으로 관여하고, 아이가
불쾌감을 보이면 상황에서 멀어지는 유형에 빠지기 쉽습니다.

하지만 이 책에서 지적하고 있는 아이의 부적응에서는, 아이

는 바깥세상이 자신의 생각과 어긋난다고 불만을 품고 그 세계를 회피하려고 합니다. 그러나 그 바깥세상과의 어긋남을 경험하고 상처받고 지지받는 것이 중요함을 고려하면, 아이가 싫어하더라도 "이 상태로는 걱정스럽다", "싫다는 이유만으로 하지 않는 건 문제가 있지 않나" 등과 같이 아이가 마주할 수 있도록 필요에 따라 손을 쓰는 것도 선택지에 넣고 싶은 부분입니다. 적어도 이 책에서 제시한 부적응에 대해서는 "아이가 싫어하니까 그만두자"라는 자세가 성장의 지연을 초래할 위험도 있다는 것을 알아둘 필요가 있습니다. 물론 아이가 격렬하게 싫어하는 일을 시키는 것은 물리적으로 불가능하지만, 아이의 불쾌감만이 아니라 부모로서의 생각, 학교라는 사회적 장소에서 보이는 모습, 아이가 사회에서 살아가기 위해 필요한 것이 무엇이고, 현시점에서 아이에게 중요한 것은 무엇인지, 다양한 방향에서 판단한 후에 관계 방식을 자세히 조사하는 것이 중요합니다.

바깥세상에서 받는 상처를 회피하는 유형이 고착된 사례일수록 지원자는 부모나 학교와 연대하여 학생 본인이 회피하지 않아도 될 정도로 학교와의 관계를 조정해 가는 것이 중요합니다. 또한 바깥세상에서의 상처를 회피한 나머지 원래는 당연히 전달되어야 하는 정보마저 누락되고 있는 건 아닌지 체크하는 것도 중요합니다. 구체적으로는 건강검진 안내, 사진 촬영 안

내, 중학교 3학년 때의 진로 희망 조사서 등이 있습니다. 이것들은 학생 본인의 상태를 감안하더라도 기본적으로는 전달하는 것을 전제로 하는 것이 바람직합니다(물론 실제로 사진을 찍었느냐가 중요하다기보다는 학교에서 받아온 것을 전달하는 행위 자체가 중요합니다).

**② 아이의 불편한 감정과 허물없는 소통**

아이에게 '부정적인 나'를 마주하게 할 때 중요한 점은 아이에게서 불편한 감정이 표출되고 있느냐는 것입니다. 아무리 '부정적인 나'를 마주하게 되는 상황이라도 아이가 그 순간 불편한 감정을 표출하지 않으면, 관계성 안에서 지지해 나가는 것은 어려워집니다. 아이의 불편한 감정이 표출되기만 하면 그 감정을 관계성 안에서 풀어가기는 수월해집니다. 그리고 '관계성 안에서 풀어간다'를 실제 관계로 바꿔 말하면, 허물없는 소통을 끈기 있게 계속한다는 것입니다.

사례①
**서서히 혼란이 줄어드는 아이**

초등학교 4학년 남자아이. 시험이 있는 날이면 학교를 쉬고 싶어 한다. 부모가 "그런 건 좋지 않다"라고 말하면 난동을

171

부리거나 화장실에 틀어박히는 등의 반응을 보인다. 이런 반응에 대해 부모는 달래 보기도 하고 꾸짖어도 보며 다양한 방법을 동원해 어떻게든 학교에 보내는 날이 계속된다(물론 결석하는 날도 있음). 하지만 이런 과정을 반복하면서, 시험이 있는 날의 혼란이 서서히 줄어들고, 결국에는 학교에 대한 거부감을 보이지 않게 되었다. 중학교 진학 후에는 안정된 모습으로 지내고 있다.

이 사례처럼 학교에서 피하고 싶은 일이 있는 아이를 학교에 보내려고 할 때 저항을 보이는 것은 흔히 있는 일입니다. 부모 입장에서는 참 힘든 상황이지만 '아이가 불편한 감정을 제대로 표현하고 있다'라는 점에서는 부정적으로만 볼 필요는 없습니다. 아이의 불편한 감정을 둘러싼 허물없는 상호작용을 끈기 있게 계속하다 보면, 아이의 내면에는 '부모님은 부정적인 나에게도 관심을 갖는구나' 하는 감각이 스며듭니다.

하지만 이러한 허물없는 소통이 불가능한 경우도 있습니다. 허물없는 소통을 하기 위해서는 어느 정도 부모가 아이의 의사에 반하는 사항을 전달해야 하는데, 이때 아이에게서 불편한 감정이 표현되지 않거나 자기 방에 틀어박혀 거실로 나오지 않거나(부모와 멀어지거나) 신체적 증상이 심해지는 등의 반응이 일시적이 아니라 장기적으로 나타난다면 대응 방법을 바꾸는 것도 고려해야 합니다. 이런 반응은 아이가 그저 참고 있을 뿐, 부모에 대한 신뢰를 잃었을 가능성을 고려할 필요가 있기 때문입니다. 이럴 때는 다른 각도로 접근해야 합니다.

말투에도 신경 쓸 필요가 있습니다. 단순히 "학교에 가라", "공부해라"라고 말하기보다 "네가 계속 학교에 못 가서 걱정이야", "못 한다고 해서 아예 안 하는 것보다는 잘하지 못해도 괜찮으니 조금이라도 한 번 해 보면 어떨까?"처럼 걱정을 담아 말하는 것이 바람직합니다. 목적은 어디까지나 부모와 자녀의 소통이기 때문에 단순히 명령하고 억누르는 형태의 것은 좋지 않습니다. 걱정이 담긴 부모 마음을 내포한 전달 방식이 아이로서도 불편한 감정을 표출하기 쉬운 경우가 많은 것 같습니다.

그런데 학교에 전혀 가지 못하는 아이에게 학교에 가라고 말을 해도 아이는 불편한 감정을 표출하지 않는 경우가 종종 있습니다. 그 아이들은 (겉으로는 그렇게 보이지 않아도) 마음속 어딘가에는 학교에 가지 못하는 것에 대한 죄책감을 품고 있기 때문에 학교에 가라는 말을 들어도 찍소리도 못하는 것입니다. 이럴 때는 학교 이야기를 꺼내기보다 가정 내 행동에서 허물없이 굴 수 있는 지점을 찾아내는 것이 더 효과적입니다.

부모들로부터 "어디까지 밀어붙이면 되나요?", "어디까지 끌어당겨도 괜찮을까요?"라는 질문을 자주 받습니다. 중요한 건 부모 자식 사이에 허물없는 소통을 할 수 있다는 것이기 때문에, 부모가 학교 이야기를 꺼내도 스스럼없이 소통할 수 있다거나 어리광을 부리는 듯한 태도로 나온다면 아이가 취약한 상황을 향해 나가도록 버틸 것을 권합니다.

실제로는 "부모로서 지금까지 아이에게 잘 개입해 왔고, 학교 이야기를 강하게 했을 때 아이가 움직일 것 같거나 망설임이 보이는 것 같다면 밀어붙여도 괜찮습니다"라는 식으로 조언하는 경우가 많습니다. 즉 부모가 실생활에서 피부로 느끼는 감각으로 아이의 등교 갈등이 생길지 여부를 판단하는 것입니다. 부모는 아이와 다양한 관계를 맺고 있는 전문가이기 때문에 이 부분의 '피부감각'은 꽤 정확할 때가 많습니다. 그리고 그 갈등과 관계를 맺는 것이 지원에서 중요하다는 것을 전달하고, '학교에 간다/가지 않는다'라는 결과는 부차적인 것임을 강조합니다. 사실 이러한 갈등이 생기고 또한 부모 자식 관계 안에서 다룰 수 있는 경우에는, 등교하지 못했다 하더라도 장기적으로 보면 예후가 좋은 것은 틀림없습니다.


많은 사례를 접하다 보면 아이의 불쾌한 감정에 대해서 '그럴 때는 관여하지 않는 것이 아이가 편하지 않을까?', '잠시 가만히 내버려두면 진정되겠지' 하고 생각해 의도적으로 관여하지 않는 유형도 드문드문 보입니다.

부모는 아이를 위한다고 생각해 관여하지 않지만, 아이는 '나의 부정적인 면에는 부모님이 관여하지 않는다'라고 생각할 우려가 있습니다. 아이의 불쾌한 감정에 관여하는 것은 힘든 일이고, 관여한다 하더라도 금방 진정되는 것이 아니므로 주저하게 되는 기분도 이해할 수 있습니다. 하지만 아이가 자신의 부정적인 측면을 받아들이기 위해서는 부모와 자녀의 '뒤죽박죽' 이인삼각은 꼭 필요하다고 생각해야 합니다.

### ③ '뜻대로 되지 않을 때도 있다'라는 메시지의 중요성

기존의 등교 거부에 대한 지원 방침이 사회 전반으로 확산되면서 아이가 안정될 수 있도록 가정 내에서도 관여하는 경우가 많이 보입니다. 하지만 '뜻대로 되지 않는 것을 견딜 수 없다', '완벽한 자아상' 같은 특징을 가진 아이에게 그 방침을 적용하면, 싫어하는 것은 하지 않거나 좋고 싫음으로 사물을 판단하는 듯한 상태가 될 우려도 있습니다.

그런 사례의 경우, 가정 내에서도 부모가 아이의 말대로 움직이거나 가정의 규칙을 흐트러뜨리는 것 등을 볼 수 있습니다. 아이가 어떤 반찬을 먹기 싫어하면 미안해하며 다른 반찬을 만들어 주거나, 가족 중에 제일 먼저 목욕해야 하는 아이가 좀처럼 욕실에 들어가질 않아 가족 모두의 목욕 시간이 늦어지는 등의 상황은 현장에서 자주 듣는 일입니다.

중요한 건 '뜻대로 되지 않을 때도 있다'라는 메시지를 기회가 될 때마다 말로 계속 전하는 것입니다. 많은 사람이 함께 지내는 학교라는 장소에서는 모두가 조금씩 불편함을 받아들여 (규칙과 규율에 따라) 모두가 나름대로 살기 좋은 상황을 만들 수 있습니다. 가정도 마찬가지입니다. 가족 구성원 한 사람 때문에 모두의 불편함이 커지는 것은 불합리합니다. 자녀의 등교 여부와 관계없이 그런 가정 내 타협은 당연히 있어야 하는 것이라고 생각해야 합니다.

'뜻대로 되지 않을 때도 있다'라는 메시지에 위화감이나 불쾌감을 느끼는 사람도 있을 것입니다. 하지만 이것은 세상살이의 기본이자 바깥세상을 대하는 적절한 인식이라고 생각합니다. 요로 다케시 선생은 우리가 태어나기 훨씬 이전부터 세상은 존재했으며, "우리에게 맞춰서 설계된 것이 아니다"라고 말합니다. 우리는 이미 존재하는 세계에 나중에 태어난 셈이기 때문에 아이들이 이 세상을 살아가는 데 필요한 것은 세상과 타협하면서 잘 휩쓸려 가는 것이라고 할 수 있습니다.

이러한 바깥세상에 관한 생각을 말로 계속 전달함으로써 아이의 바깥세상에 대한 인식을 성숙하게 만드는 것이 중요해지는 것입니다.

### ④ 갑자기 바꾸지 않도록 한다

자, 여기까지 읽고 혹시 '좋아, 내일부터는 아이를 학교에 가도록 밀어붙이자'라고 생각할지도 모르겠습니다. 잠시만 기다려 주세요.

마지막으로 중요한 사항은 지금의 대응 방식을 갑자기 바꾸지 않는 것입니다. 지금까지는 등교 자극을 주지 않았는데 갑자기 "내일부터 학교에 가라"라고 말하거나, 가정 안에서는 아이가 말하는 대로 다 들어줬는데 갑자기 "가족에게 맞춰라"라고 말한다면, 아이는 대응 방식의 차이에 과민하게 반응할 수 있습니다. 아이에 따라서는 그 낙차로 인해 혼란을 보이거나 폭력적으로 변할 수도 있기 때문에 이 부분은 신중할 필요가 있습니다.

중요한 건 '지금의 대응 방식에서 이 정도는 바꿀 수 있을 것 같다'라는 포인트를 찾아 조금씩 시도해 가는 것입니다. 가정이나 아이의 상태에 따라 바꿀 수 있는 포인트는 천차만별이기 때문에 정형화할 수는 없지만, '부모로서 이 부분은 꼭 바꾸고 싶다'라는 관점에서 찾아보면 쉽게 결정할 수 있을 것입니다.

## 효과적으로 마주하게 하는 방식은 기간이 한정된다

이런 부정적인 자신을 마주하게 하는 접근법이 모든 상황에서 효과적인 것은 아닙니다. 개인차가 있기 때문에 구체적인 숫자를 말하기는 조심스럽지만, 경험상으로 보면 열 살 전후를 기점으로 부정적인 자신을 마주하게 하는 접근이 어려워지고, 또 그 효과도 떨어집니다. 특히 열다섯 살을 넘어 20대에 가까워질수록 그러한 접근은 불가능해지거나 역효과 비율이 높아지는 것 같습니다. 여기서 그 이유를 설명해 보겠습니다.

우선, '관계성 안에서 풀어간다=뒤죽박죽이 된다'라는 현상이 열 살이 넘으면 발생하기 어려워진다는 점을 들 수 있습니다. 아이가 어릴수록 부모가 야단을 치더라도 그 야단친 부모와의 사이에서 싫은 감정을 주고받을 수밖에 없습니다. 야단을 맞고 울고 화를 내다가도 부모에게 안겨 "싫어도 어쩔 수 없는 거야"라는 말을 들으며 조금씩 마음을 추슬러가는 모습은 흔히 볼 수 있는 광경입니다. 이렇게 '세상의 반대'를 하는 사람과 그 순간의 불편한 감정을 풀어주는 사람이 동일한 것은 아이로 하여금 '혼났다고 해서 버림받는 것은 아니다', '야단치는 것은 나를 공격하는 게 아니다', '나의 안 좋은 면도 제대로 관여해 준다'라는 감정을 실감하게 합니다. 그러나 대체로 열 살에 가까워질수록 부모가 꾸짖으면 아이는 부모로부터 멀어지는 경향이 있습니다(경험상 여덟 살 전후로 멀어지는 경향을 볼 수 있습니다). 즉 열 살 무렵을 기점으로 '세상의 반대'를 하는 사람과 그때의 불편한 감정을 해소하는 사람이 동일 인물이 되기 어려운 것입니다.

또한 아이는 열 살 무렵을 기점으로 성인형 자아를 갖게 됩니다. 바꿔 말하면, 부모와는 다른 인격을 갖춘 '별개의 인간'이 되는 것입니다. 이 별개의 인격으로 가치관이 충돌하는 것이 이른바 '반항기'라고 불리는 시기이며, 그때까지의 '정신적으로는 일심동체'였던 부모 자식 관계에서 별개의 인간이라는 관계로 발전하게 됩니다. 이는 자녀의 성숙이라는 측면에서는 환영할 만한 일이지만, 부모와 다른 인격을 갖춘 별개의 인간이 되었기 때문에 가치관이나 사고방식이 굳어져 부모가 관여해도 변화하기 어려워지는 것입니다. 극단적인 경우, 귀에 거슬리는 말을 하면 부모라 할지라도 바깥세상으로 간주해 쳐내는 경우도 있습니다. 아이의 성숙이 개선을 가로막는 아이러니한 상황이 벌어지는 것입니다.

이러한 이유로 열 살 전후가 하나의 기준이 되는 주된 이유이지만, 10대 후반의 사례도 많이 존재하기 때문에 그러한 연령층에 대한 접근법도 이야기해 보겠습니다.

그러기에 앞서 다음으로는 '부모 자식 관계를 기반으로 한 접근법'을 조금 더 자세히 설명할까 합니다.

# 2
# 부모 자식 관계를 바탕으로 한 접근

근간을 무너뜨려서는 안 된다

아이의 부정적인 측면을 마주하게 하려면, 바로 그 순간 불편한 감정을 관계 속에서 해소하는 것이 전제되어야 합니다. 그리고 대부분의 경우, 그 대상은 부모가 됩니다. 부모가 아닌 다른 사람, 예를 들어 교사가 아이의 부정적인 측면을 마주하게 하려고 하면 아이는 불편한 감정을 표출하기보다는 먼저 그 감정을 유발하는 장소에서 멀어지려는 경우가 더 많습니다. "이런 곳에 있고 싶지 않아!" 하고 그 자리를 피하는 바람에 아이의 불편한 감정을 관계성 안에서 풀어가는 상황이 쉽게 생기지 않습니다. 따라서 아이에게 있어서 바깥세상인 학교 같은 곳만으로 대응해서는 잘 되는 경우가 드물고, 떼려야 뗄 수 없는 관계인 가정과 협력해 지원해 나가는 것이 중요합니다.

하지만 아이의 불편한 감정을 관계성 안에서 해소하는 것을 부모가 중심이 되어서 할 경우, 부모는 매우 큰 부담을 갖게 됩니다. 아이가 자신의 부정적인 측면을 마주했을 때의 반응은 다양한데, 단지 우는 아이 곁에 있어 주는 것으로 끝이 아닌 경우가 대부분입니다. 화를 내거나 난동을 부리거나 도망가거나 숨어버리는 등 어리기 때문에 상당히 손이 많이 가는 말과 행동이 생기기 마련입니다.

지원할 때는 이러한 부모의 처지를 어떻게 지원할 것인가도 중요합니다. 부모가 납득할 수 있는 형태로 아이의 부적응 구조를 설명하고, 부모가 '이런 식으로 관여하면 아이가 개선될 수 있구나'라는 인식을 가지고 대응할 수 있도록 돕는 것이 지원의 한 방법입니다. 이러한 인식이 있으면 아이의 불편한 감정을 마주하기 쉬워집니다.

또한 가정환경도 충분히 고려해야 합니다. 예를 들어 엄마가 혼자서 육아와 가사를 책임지는 이른바 '독박육아'를 하는 상황이라면 아이의 불편한 감정을 받아줄 만큼의 정신적 여유가 없는 경우도 있습니다. 아이의 불편한 감정을 마주하는 것이 중요한 건 분명하지만, 지원의 근본인 부모에게 지나친 부담이 되어서는 안 됩니다. 부모의 정신적 여유를 오인하면, "이제 아이가 원하는 대로 하게 하겠습니다"와 같이 아이와 관계 맺기를 체념하거나 부모가 답답해질 수도 있습니다. 지원자는 부모의 갈등 내성과 자녀의 반응 정도, 가정환경 같은 다양한 요인을 면밀히 검토하여 부정적 측면을 마주하게 하는 대응이 어디까지 가능한지 고려해야 합니다.

## 자녀에 대한 부모의 가치관을 확인한다

등교 거부에서 재등교를 목표로 하는 것은 흔히 있는 방침 중 하나이지만, 현대는 다양성의 시대이기도 합니다. 자녀의 등교 거부 상황에 대해서도 "우리 아이는 이대로 괜찮다", "우리 아이에게 맞는 학교가 있을 것 같으니 무리하게 지금 학교에 보내려고 하지는 않는다"라고 말하는 부모들이 최근 몇 년 사이 크게 증가했음을 느낍니다. 실제로 프리스쿨의 증가, 배움의 다양화 학교[11] 설치, 메타버스 추진 등 기존의 학교와는 다른 배움을 제공하는 장소도 늘어나고 있습니다. 무작정 현재 다니고 있는 학교로의 복귀만이 등교 거부의 지원 방침이 될

---

11) 등교 거부 학생을 대상으로 한 특별 교육과정을 편성해 교육을 실시하는 학교.

수 없는 세상이 된 것입니다.

학교에 가는 것 자체에 의미를 느끼지 못하거나 맞는 학교로 가면 된다는 생각을 가진 부모에게는 앞서 언급한 부정적인 자신을 마주하게 하는 방침은 어울리지 않습니다. 지원할 때는 이러한 부모의 가치관에 따라 애초에 등교 거부 상태를 벗어나는 것을 목표로 하는지의 여부로 보조를 맞춰 가는 것이 중요해졌습니다. 이 부분이 어긋나면 '학교에 보내려 하지 않는 부모와 학교에 보내려는 상담사' 같은 좋지 않은 구도가 만들어질 수 있으므로 주의가 필요합니다.

다만, 현재 다니고 있는 학교로 복귀하는 것을 적극적으로 고려하지 않는 듯 보이는 부모라도 그 내막은 "아이의 등교 거부 상태를 마주하는 것이 힘들다", "자신의 양육 방식에 대해 언급되는 것이 불안하다", "자녀가 힘들어하는 모습을 보고 싶지 않다" 등의 이유일 수도 있습니다. 이러한 부모가 '문제에 접근할 없는 사정'을 가지고 있다면 이걸 어떻게 접근해 부모의 내면 의지를 이끌어 낼 것인지가 중요합니다.

## 부모의 올바른 인식이 관건

앞서 부모가 납득할 수 있는 형태로 아이의 부적응 구조를 설명하면, 부모가 안정감을 가지고 대응할 수 있다고 말했습니다. 저 역시 학부모와의 면담에서 아이의 부적응 구조를 설명하는 경우가 많은데, 이 점에 대해 조금 더 자세히 살펴보겠습니다.

부모에게 자녀의 부적응 및 그 배경에 있는 심리적 과제를 올바르게 인식하도록 하는 것인데, 이런 올바른 인식이 있으면 일상적인 자녀와의 관계에서 변화가 일어나기 쉽습니다.

예를 들어 아이가 부정적인 자신을 마주한 결과, 자신의 부정적인 측면에 관한 슬픔과 괴로움을 표현하는 경우가 있습니다. 이러한 표현은 부정적인 자신을 마주했기에 생기는 것이자 자신의 부정적인 측면을 인식하고 있다는 점에서 적절하고 자연스러운 반응입니다. 이때 부모는 그 슬픔과 괴로움에 대해 '너의 그런 모습까지도 소중하다'라는 자세로 관여하는 것이 필요합니다. 하지만 아이의 상태에 대한 올바른 인식이 없기 때문에 아이의 슬픔과 괴로움에 대해 "신경 쓰지 않아도 괜찮아", "그렇지 않아", "노력하면 할 수 있어" 같은 말로 격려하는 경우가 매우 많습니다. 이러한 격려는 언뜻 보기에 적절한 대응처럼 느낄 수도 있지만, 아이에게 부정적인 측면이 존재하는 것을 무의식중에 부정하고 있는 것입니다.

중요한 건 아이에게 부정적인 측면이 있음을 인정하는 것이기 때문에 전달 방식으로는 "설령 네가 망쳤다 해도 괜찮아"라고 하는 형식이 좋습니다. 이것은 자녀에게 부정적인 측면이 있음을 인정하면서도 그래도 네가 소중하다는 두 가지 메시지를 동시에 보내는 것입니다.

상담시간은 일반적으로 일주일에 한 번에서 한 달에 한 번, 한 시간 정도로 정해져 있습니다. "가끔 하는 한 시간의 면담으로는 아무것도 바뀌지 않는다"라는 비판을 듣기도 하지만, 본래 상담은 그 한 시간이 '다음 상담에 올 때까지 계속 영향을 주도록' 이루어지는 것이 본질입니다. 상담으로 아이의 부적응이나 심리적 과제의 구조를 올바르게 인식하고, 일상적으로 이루어지는 부모와 자녀의 상호작용을 보다 효과적으로 개선할 수 있는 방향으로 맞춰 가는 것이 조금 더 쉬워집니다.

## 버팀목으로서의 어리광

하지만 부모와 자식의 시간은 그런 마주하는 시간만 있는 것은 아닙니다. 온종일 아이에게 부정적인 자신을 마주보게 하는 것은 논외로 하고, 오히려 그 외의 시간을 어떻게 보내느냐가 중요합니다. 일상적인 관계 속에서 지지받고 있기 때문에 아이가 부정적인 자신과 마주할 수 있게 되는 것입니다.

아이와의 관계에서 중요한 것은 '어리광'에 대한 대응입니다.

한 살 미만의 아이에게는 어머니 등 중요한 타인을 비롯한 바깥세상과 자신 사이에 명확한 경계선이 존재하지 않습니다. 자신과 타인의 구별이 모호한 상태라는 뜻입니다. 한 살이 지날 무렵이면, 자타 구별이 가능한 상태까지 발달하게 됩니다. 그러면 지금까지 자신과 일심동체라고 생각했던 중요한 타인(주로 어머니)이 실은 자신과 다른 사람이라는 사실을 직면하게 됩니다. 이것은 아이에게 대단히 중요한 일이며, 이때 어리광의 감정과 그에 기반한 행동이 발생하게 됩니다. 엄마에게 달라붙어 떨어지지 않는다거나 엄마가 눈앞에서 사라지면 불에 데인 듯 자지러지게 우는 등 난감한 상태를 자주 보임으로써 아이는 부모에게 많은 수고와 시간을 들이게 합니다. 이때 아이의 어리광에 응하고 계속 관여하는 것은 부모에게 힘든 일이지만, 이 시간의 축적이야말로 아이가 부적응 상태에 빠졌을 때 아이를 지탱하는 경험치가 됩니다.

심리적 문제가 발생했을 때, 많은 아이가 어린아이로 돌아간 것 같은 모습을 보이며 어리광이 심하게 나타납니다. 영유아기의 어리광 경험을 통해 누군가의 지지를 받는 것, 폐를 끼치는 것, 미성숙한 자신이라도 받아들여지는 것 등의 비언어적 경험이 쌓였고, 그것을 복습함으로써 기운을 내려는 메커니즘입니다. 참고로, 애착장애라고 불리는 상태에서는 영유아기에 건강한 어리광 경험을 적게 겪었기 때문에 어린아이로 돌아간 듯한 행동을 해도 기운이 나는 모양새가 되기 힘들고 개선이 어려운 것입니다.

아이가 부적응에 빠졌을 때 어리광이 생기는 것은 극히 자연스러우며, 어리광에 어떻게 대처하는가에 따라 아이의 개선에 영향을 받습니다. 어리광과의 관계에 대해서, 부모에게 하는 몇 가지 조언과 상담가로서 주의하는 포인트를 소개합니다.

### ① 어리광을 알아차린다

의외로 많이 나타나는 유형이 '아이는 어리광을 부리고 있는데, 부모가 이를 알아차리지 못하는 것'입니다. 어리광을 부리는 게 좋지 않다고 생각하는 아이일수록 완곡하게 표현하는 경우가 많습니다. 자신이 받아들여지지 않는 것 같다는 불안감을 가진 아이일수록, 예를 들어 무언가의 약을 발라 달라고 하는 등 우회적인 방법으로 어리광의 욕구를 표현하는 경향이 있습니다. 부모는 완곡한 응석의 표현이 있다는 것을 알고, 이를 알아차리는 것이 중요합니다. 어리광 이론에 정통한 전문가의 조언이 있으면 어리광을 포착하는 능력이 높아질 수 있으므로 추천합니다.

② 어리광의 효과를 안다

아이의 어리광에 대해 생각할 때 중요한 것은 '어리광을 받아들일 필요가 있다=지금까지 어리광을 부리게 할 기회가 부족했다'라는 게 아니라는 사실을 강하게 인식하는 것입니다. 부모로서의 책임감이 높은 사람일수록 '애정이 부족해서 그렇구나'라고 생각하기 쉽지만, 오히려 '어리광의 맛을 알기 때문에 위기 상황에서 어리광을 요구할 수 있다'라고 인식하는 것이 중요합니다.


③ 아이는 부모의 어리광에 대한 선긋기를 알아차린다

아이가 초등학교 고학년쯤 되면 부모는 "어리광을 부린다 해도 이 정도쯤 거야"라는 이미지를 갖게 됩니다. 이 이미지는 지금까지 자녀와의 관계, 일반적인 자녀상, 부모 자신의 어린 시절의 경험 등이 겹겹이 쌓여 형성된 것입니다. 부모의 이러한 어리광에 대한 이미지가 아이의 어리광을 억누르고 있을 가능성이 있습니다. 즉 자녀는 부모의 '어리광을 부린다 해도 이 정도겠지'라는 선을 감지하고, 무의식적으로 그 범위 내에서 행동하는 경우가 있는 것입니다.

이런 현상에 대한 대응은 간단합니다. 부모가 "아이는 더 많은 응석을 부리는 존재다", "내 생각보다 훨씬 더 어리광을 피우고 싶을 수도 있다"라는 인식을 가지고 생활하면, 아이가 서서히 다가오게 되는 경우가 많습니다. 부모의 인식이 달라졌음을 아이가 알아차리고, 응석 부리는 행동의 정도도 달라지는 것입니다.

### ④ 어리광을 이끌어 낸다

"제가 먼저 시도해 봐도 될까요?" 부모로부터 가끔 이런 질문을 받는데, 이에 대해서는 가능한 한 아이 쪽에서 응석을 부리며 기대는 형태가 되는 것이 바람직하다고 말할 수 있습니다. 부모가 애교를 부리며 다가가는 것이 아이의 어리광을 이끌어 내는 계기가 되기도 하지만, 부모가 아이의 어리광을 그대로 다 받아주게 하는 상황이 될 수도 있기 때문에 주의가 필요합니다.

아이 쪽에서 어리광을 표출하기 쉽게 하기 위한 조언으로 제가 자주 하는 말이 "멍하니 TV 보는 시간을 만드세요"라는 것입니다. 아이는 부모가 멍하니 TV를 보고 있으면 가까이 다가와 앉거나 아예 밀착해서 앉을 때도 많습니다. 이것은 스마트폰으로는 만들 수 없는 상황입니다. 아무래도 스마트폰은 개별적이라는 분위기가 강해 아이와 같은 방향을 바라보는 형태가 되기 어려워서인지 TV를 볼 때만큼 아이가 쉽게 다가오지 않는 것 같습니다.

### ⑤ 부모가 무리하면 모든 걸 잃는다

어리광을 받아들이는 것은 아이에게 긍정적인 영향을 주는 경우가 많지만, 그렇다고 해서 부모가 계속 무리해서는 안 됩니다. 억지로 어리광을 받아준다 해도 어딘가에서 파탄에 이르는 경우가 많습니다. 지원자의 역할은 부모의 사정을 이해하고, 부모가 할 수 있는 범위 내에서의 관계 방식을 맞춤형으로 마련해 주는 것입니다. 이때 포인트는 원래부터 부모가 자녀와 맺고 있는 관계 속에서 쓸 수 있을 법한 것을 골라 확대해 가는 것입니다. 새로운 것을 넣는 것이 아니라 원래 갖춰져 있는 유형을 활용하는 것이 부모와 아이 모두에게 부담은 적고 이익이 큰 경우가 많습니다.

## 어리광과 어리광이 아닌 것

어리광을 받아주는 것이 심리적으로 큰 버팀목이 되는 것은 분명하지만, 어리광과 어리광이 아닌 것을 변별하는 것은 매우 중요합니다. 받아줘도 되는 것과 받아줘서는 안 되는 것을 구분하지 못하면 어리광을 받아주는 접근법은 오히려 매우 위험할 수 있다는 걸 이해해야 합니다.

앞서 어리광의 심리에 대해 말했는데, 이것을 조금 어려운 말로 정의하면 '인간 존재가 본래부터 가지고 있는 분리의 사실을 부정하고 분리의 아픔을 지양하려는 것'입니다. 이를 모자 관계에 대입해 보면, 엄마와 아들은 서로 다른 존재라는 사실은 피할 수 없습니다. 어리광은 그 다른 존재라는 현실에 처음으로 직면한 아이에게 생겨나는 것이며, 어리광을 통해 '소중한 사람과 나는 다른 존재다'라는 아픔을 어떻게든 억누르면서 관계를 통해 다른 존재라는 현실을 받아들여 가는 것입니다.

어리광과 어리광이 아닌 것을 판별하는 포인트는 '소중한 사람과 나는 별개의 존재다'라는 인식 정도가 됩니다.

적극적으로 끌어내는 것이 권장되는, 받아줘도 문제가 없는 '건강한 어리광'의 표현은 눈앞에 있는 사람은 나와 다른 존재라는 사실을 마음속 어딘가에서 받아들입니다. 그에 비해 적절한 선긋기가 필요하고 때로는 반격해야 하는 어리광이 아닌 것은 '눈앞의 사람은 나와는 다른 존재다'라는 현실을 마음속 깊은 곳에서 받아들이지 못하는 상태가 심해집니다. 자신과 상대의 경계가 모호하기 때문에 부모를 자신의 수족처럼 취급하는 발언을 하거나 자신의 일부처럼 건방지게 명령하는 등의 모습을 볼 수 있습니다. 이런 어리광이 아닌 것을 당하는 사람은 상대의 일부로 취급되기 때문에 자신의 주체성을 빼앗긴 듯한 기분에 빠지는데, 이것이 바로 판별의 포인트이기도 합니다.

단순히 "어리광을 받아주세요"라고만 조언하면, 이런 받아주지 말아야 하는 것까지 받아줘야 한다는 인식을 부모에게 심어주게 됩니다. 과거, 자녀가 일으킨 가혹한 가정폭력의 피해자였던 부모가 자녀를 살해한 몇 건의 사건이 있었습니다. 그중 일부는 전문가가 "자녀의 모든 것을 수용하라"라는 잘못된 방침을 제시했던 것으로 알려졌는데, 그 방침이 최악의 사태를 초래하는 원인이 되었을지도 모른다는 사실을 명심해야 합니다. 수용해서는 안 되는 것을 수용함으로써 아이가 내 생각과 맞지 않는 모든 바깥세상에 대한 불만을 품게 되고, 그 결과 폭력성이 촉진된 것이라고 볼 수 있기 때문입니다.

지원 과정에서 이런 수용해서는 안 되는 것이 발생했다고 간주되면, 부모와 자녀의 관계 속에서 요구를 지나치게 수용해주고 있지는 않은지 생각해 볼 필요가 있습니다. 현시점에서 과도하게 받아주고 있다고 판단될 경우, 갑자기 대응 방식을 바꾸기보다는 부모가 무리 없이 반격할 수 있는 포인트를 찾는 것이 중요합니다. 예를 들어 아이가 "컵 갖다줘" 하고 명령했을 때, 이전에는 곧장 가지러 갔다면 이제는 어쩔 수 없이 가지러 가더라도 "이번에만 가져다줄게" 하고 가져오는 식으로 작은 반격을 만드는 겁니다. 갑자기 대응을 바꾸면 낙차로 인해 아

이의 반응이 격렬해질 위험이 있기 때문에 작은 반격으로 서서
히 시작하는 것이 중요합니다.


## 버팀목이 되어주는 안전한 대화

아이가 자랄수록 어리광 표현은 점점 줄어
들게 됩니다. 또한, 어리광 표현이 있더라도 아이가 점점 커갈수
록 부모는 받아들이기 힘들어질 수도 있습니다. 한편, 연령이 높
아질수록 아이의 언어능력이 발달하여 언어를 통한 상호작용이
증가하게 됩니다. 여기서는 아이를 지탱하기 위해 중요한 '안전
한 대화'에 대해 설명하겠습니다.

아이가 등교 거부 등의 부적응 상태를 보일 때, 어떤 대화를
해야 할지 고민하는 부모가 적지 않습니다. 부정적인 면을 마
주하게 하기 위해 어느 정도는 학교 이야기를 꺼낼 수도 있지
만, 학교 이야기만 하면 아이는 물론 부모도 마음이 편치 않습
니다(애초에 아이는 그런 화제를 달가워하지 않음).

이런 부모에게 권장하고 싶은 것이 안전한 대화입니다. 안전
한 대화란 ① 아이가 무언가 말을 걸고, ② 그 화제에 대해 부
모가 무언가를 답하고, ③ 그 대답을 듣고 아이가 더 이야기
하고 싶어지고, ④는 ①~③을 반복하는 것을 말합니다. 간단
한 듯 보여도 의외로 어려운데, 예를 들어 학교에 가지 않는 아

이가 "요즘 운동이 부족하네" 하고 말했을 때 "그럼 학교에 가 보는 건 어때?", "체육수업만이라도 출석하는 건 어떨까?" 하고 대꾸하고 싶은 것이 부모의 마음일 수 있지만, 그렇게 해서는 '대답을 듣고 아이가 더 이야기하고 싶어지는 단계'로 갈 수 없습니다. 부모의 생각으로 이야기하는 것도 좋지만 아이가 더 말하고 싶어하는 관계를 명심함으로써 부모와 자녀 간의 대화가 보다 안전한 것이 되고, 그것이 아이의 개선을 뒷받침하는 밑거름이 된다는 것을 이해할 필요가 있습니다.

아이에게 부정적인 측면을 마주하게 하는 강력한 접근법이 가능해지는 것은 앞에서 언급한 버팀목 접근법이 있어야 가능합니다. 이것들은 어느 한쪽이 빠져서는 안 되는 자동차의 양쪽 바퀴와 같은 존재로 생각하는 것이 중요합니다.

# 3
# 자신과 관계 맺는 법

상담을 받는다는 것

이제부터는 책에서 언급하고 있는 심리적 과제를 가진 아이들과 어울리는 방법에 대해 알아보겠습니다. 이 책에서 지적한 특징을 가진 아이들 대다수는 상담이라는 상황을 회피하려고 합니다. 상담이라는 자리 자체가 아무래도 "나에게 고민이나 문제가 있다", "고민이나 문제를 이야기하는 자리다"라는 이미지가 있습니다(어느 정도는 사실). 하지만 그들은 자신에게 고민이나 문제가 있다고 인정하는 것, 고민이나 문제를 누군가의 앞에서 드러내는 일 자체에 큰 고통과 수치심을 느끼기 때문에 상담 상황을 기피합니다.

그렇다 보니 주변에서 상담을 권유해 동의했더라도 당일에는(컨디션이 좋지 않거나 단순 거부 등의 다양한 이유로) 오지 않는 경우도 많습니다. 또 아이의 특성에 따라서는 "상담 같은 건 의미 없어서 싫다"라는 답변도 있는데, 그렇게 상담을 평가절하 함으로써 자신의 취약성이 드러나는 상황을 회피하는 것입니다.

　하지만 그들이 상담을 거부한다고 해서 상담이 가치가 없다는 말은 아닙니다. 그들이 상담하러 오는 것의 첫 번째 의의는 '간접적으로 고민이나 문제를 마주할 수 있다'라는 점입니다.

　고민이나 문제를 주고받는 자리인 상담에 나왔다는 사실만으로도, 실제로 고민이나 문제에 대해 말하지 않아도 간접적으로나마 고민이나 문제를 마주하는 것이 됩니다. 상담을 하는 사람이나 권유하는 사람 모두 '무엇을 이야기하는가' 뿐만 아니라 '상담의 자리에 앉아 있는 것' 자체에 의미가 있다고 생각해야 합니다.

　이것은 부모 면담에서도 마찬가지입니다. 부모가 계속 상담 받으러 오는 것, 그리고 그 사실을 아이가 알고 있는 것도 아이에게는 간접적으로 고민을 마주하는 것이 됩니다. 종종 부모들이 "내가 상담 받으러 온 일을 아이에게 말해도 될까요?"라고 물어보는 경우가 있습니다. 이 질문에 대한 대답은 "네가 걱정되고, 엄마(아빠)도 물어보고 싶은 것과 생각하고 싶은 것이 있어서 상담 받으러 갔어"라고 말해 주자는 것입니다. 부모가 자신을 걱정하고 있고 도와주고 싶어 한다는 사실 자체는 자녀에게 알려져도 대개는 큰 문제가 생기지 않습니다. 극히 드물게, "부모가 상담사에게 자신의 험담을 한다"며 상담 받으러 가는 것을 막는 아이도 있습니다만, 이는 상담 받는 게 문제가 아니라 아이의 상태나 부모와 자식 간 관계에 문제가 크다는 것을 보여줍니다.

그리고 부모가 상담 받고 있다는 사실은 부모에게 그런 의도가 없더라도 본인에게는 간접적으로 '지금 이대로는 걱정이다'라는 메시지를 보내는 셈입니다. 이러한 메시지가 아이에게 내재됨으로써 아이도 스스로 자신의 현재 상황에 대해 고민하는 계기가 될 수 있습니다. 물론 '지금 이대로는 걱정이다'라는 메시지가 아이를 부정하는 형태가 되어서는 안 되기 때문에 평상시 관계가 잘 유지되는 것이 중요합니다.

지금까지는 아이가 상담에 오는 것에 의의가 있었지만, 상담을 받는 것의 의의로는 상담사와 '부정적인 면을 주고받을 수 있는 관계성을 구축하는 것'을 들 수 있습니다. 조금 귀에 거슬리는 말을 들어도 그들과 무너지지 않는 관계를 쌓을 수 있다면, 그 관계성을 기반으로 해서 바깥세상과의 불화와 그에 따른 불편한 감정, 성격적 특징, 취약성이나 미숙함 등에 대해 소통하기가 수월해집니다. 그들이 자신의 문제나 고민을 정면으로 마주하고 있는 거라면, 학교 상담사의 공감이라는 정서적 지지가 그들의 힘이 될 것입니다.

그런데 조금 귀에 거슬리는 말을 들어도 무너지지 않는 관계를 구축하는 것 자체가 실은 상당히 어려운 일이라고 할 수 있습니다. 하지만 중요한 일인 것은 틀림없기 때문에 다음 항에서는 그들과 관계를 맺을 때 주의할 점들을 정리해 보겠습니다.

## 상담에서 자신과 관계 맺는 법

여기서 언급하는 것은 아직은 결론이 확실하지 않은 저의 인상에 불과한 내용입니다만, 나이나 상태를 불문하고 중요하다고 생각되는 관계를 중심으로 사례를 들어보겠습니다.

그들과 관계를 맺을 때, 특히 초기에는 굳이 건드리지 않는 시기가 필요합니다. 그들은 자신의 문제나 취약점을 이야기하는 것 자체에 큰 부담을 느낍니다. 따라서 어느 정도는 굳이 건드리지 않는 기간이 필요하고, 때로는 "당신과는 좀 더 다른 이야기를 하고 싶다"라고 드러내 보여줌으로써 안도감을 주는 것도 하나의 선택지입니다. 이 경우에도 "당신이 여기 온 것 자체에 의미가 있다고 생각합니다"라고 말하거나 가벼운 잡담 속에 그들의 심리적 과제와 관련된 주제를 끼워 넣는 노력이 필요합니다. 이를테면 상담사 자신의 실패담과 그에 대한 생각(인간은 실패하면서 배우는 존재다, 이런 실패를 해도 아무도 나를 떠나지 않았고, 잘 살아갈 수 있다 등)을 잡담 속에 포함시키는 것입니다. 다만 한 가지, 착각해서는 안 되는 것이 있습니다. '굳이 건드리지 않는 것'과 '건드릴 각오가 없는 것'은 하늘과 땅만큼의 차이가 있습니다. 타인의 심리적 과제를 건드리는 것은 건드리는 쪽에도 심리적 부담을 초래합니다. 하지만 이 심리적 부담을 회피하는 핑계로 "저는 굳이 건드리지 않는 거예요"라고 말하는 건 옳지 않습니다. 상담사가 자신의 약점을 상대방에게 전가하는 일은 있어서는 안 됩니다.

또한 주변에 대한 불만이나 불손한 태도가 핵심인 사례에서, 아이의 말투는 '대화'라기보다 '일방적으로 들려주는 형태'로 될 때가 많습니다. 그들과의 상담이 도무지 지루하게 느껴지는 경우도 있지만, 이런 아이들의 말과 행동에 잠시 귀를 기울일 시간이 필요합니다. 초기 단계부터 그들의 말과 행동의 미숙함이나 정신적 취약함을 화제로 삼아서는 '조금 귀에 거슬리는 말을 들었다고 해서 쉽게 깨지지 않는 관계'에 도달하기는 어렵습니다. 우선은 그들의 세계관을 이해하려 노력하고, 보일 듯 말 듯

가물거리는 그들의 심리적 과제에 대한 의문을 마음속으로 되새겨 보는 정도면 충분합니다.

대화 주제로는 그들이 잘하는 것, 흥미를 가질 수 있는 것을 중심으로 하는 것이 중요합니다. 자신 없는 것, 싫어하는 것, 실패할 가능성이 있는 것에서는 멀어지는 경향이 있기 때문에 필연적으로 자존감이 상하지 않는 사항들로 범위가 한정될 때가 많지만, 그들은 그만큼 잘하는 것이나 흥미를 가질 수 있는 것에 대해서는 꽤 자세히 파악하고 있습니다. 그들이 적극적으로 몰두하고 있는 것에 관심을 갖고, 질문하고 배우면서, "내 세계가 넓어졌다"라는 경험을 전달해 가는 것이 중요합니다. '나로 인해 눈앞에 있는 사람의 세계가 풍요로워졌다'라는 경험은 그들의 자존감을 높여 줍니다. 이 자존감 상승을 통해 그들이 지금 하고 있는 사회와의 연결이 회복되고 확장되는 형태가 되면 이상적입니다.

때로는 상담사 측에서도 관심 있는 분야를 화제로 꺼내고, 그 공통점에 대해 대화하는 것도 좋은 방법이 될 것입니다. 상담사 교육에서 "개인적인 일은 이야기하지 말라"고 가르치는 경우가 많은데, 개인적인 관심사를 표현하는 정도는 괜찮습니다. 상담사가 너무 정체불명의 인물이라면, 마음속 깊은 곳에 자신감이 없는 그들은 '사실은 어떻게 생각하고 있는지', '부정적으로 생각하고 있는 건 아닌지' 하는 의구심이 생겨 거리가 멀어질 수도 있습니다.

그 밖에도 '숫자를 배제한 관계를 맺는 것'이 중요합니다. 제2장에서 그들이 완벽한 자아상을 갖게 된 이유로 사회적 가치관에서 도출된, 숫자로 측정할 수 있는, 순위를 매기기 쉬운 기준을 도입했을 가능성을 지적했습니다. 이러한 '숫자에 근거한 나'에 의해 그들은 고통받고 있다고 가정하고, 숫자를 배제한 관계를 맺는 것입니다. 이를테면, 잠자는 시간이나 식사의 유무와 양을 묻는 것이 아니라 "기분 좋게 잠을 잘 자고 있는지", "부모님이 만들어 준 식사는 맛있는지" 등 주관적이고 감상적인 측정(기분 좋다, 맛있다 같은)에 호소하는 방식으로 질문합니다. 조금이라도 그들이 숫자에 근거한 나에서 멀어지기를 바라는 마음에서입니다.

또한, 지원자 측도 주관적인 감각을 통한 '긍정적인 피드백'을 주도록 합니다. 예를 들어 "너랑 이야기하니 즐겁다", "사람을 싫어한다고? 신기하네. 나랑 대화할 때는 전혀 그런 것 같아 보이지 않았는데", "내 목소리가 귀를 통해 들어가서 뇌에 전달되는 거야. 그런 다음 뇌에서 이야기할 내용이 내려와서 말하는 건데, 그 속도가 느리지 않은 걸 보니 머리가 나쁜 게 아닌 것 같은데” 하는 식입니다. 그들은 숫자에 집착하는 한편, 속으로는 숫자나 이해관계를 뺀 자신을 그대로 인정해 주고 긍정적으로 봐줄 존재를 바라고 있습니다. 그래서 상담사로서 느낀 그들에 대한 솔직하고 긍정적인 인상을 전달하려고 노력합니다.

그렇다고 해서 무작정 칭찬만 하면 되는 것이 아니라 상담사로서 발견한 진심으로 좋은 점을 그 이상도 이하도 아닌 형태로 정확히 전달하는 것이 중요합니다. 일부분을 과도하게 부풀려 칭찬하는 방식은 당사자의 ‘완벽한 자아상’을 이끌어 낼 위험이 있습니다. 또한 그 연령대에 당연히 할 수 있는 것을 칭찬하는 것도 생각해 볼 일입니다. 이것은 간접적으로 상대방을 무시하는 의미가 될 수 있습니다. ‘칭찬으로 상대의 자존감에 상처를 줄 수 있다’라는 사실을 알아야 합니다. 이것은 치매 노인이나 알코올 중독자와의 관계에서도 주의해야 할 점 중 하나입니다.

일반론을 적용하는 것도 중요합니다. 마음속 깊은 곳에 좌절감을 품고 있다면, ‘당신의 경우’라는 말처럼, 본인이 지명 당하는 듯한 행위에는 불안과 긴장이 과도하게 높아지는 경향이 있습니다. 아마도 자신의 취약성을 지적당하는 느낌이 들어서일 것입니다. 그래서 모호하게 표현하는 편이 좋습니다. 예를 들어 "일반적으로 말하면 지금 상황으로는 유급이 가까워 보이네요"와 같은 식입니다. 직면하게 하는 역할이 있는 상담사로서는 한 걸음 물러난 소극적인 말투라 할 수 있고, 지원자 입장에서 약간의 저항감도 들지만 우선은 필요하다고 생각해 실행하고 있습니다.

이러한 관계를 통해 그들과의 신뢰 관계를 쌓아가는 것이 중요하지만, 상담을 계속하다 보면 다소 귀에 거슬리는 말을 해야 하는 상황도 생깁니다. 하지만 직접적으로 하면 잘 되지 않는 경우가 많기 때문에 몇 가지 요령이 필요합니다.

쉽게 적용해 볼 만한 요령 중 하나가 '깜짝 놀라거나 신기해하는' 것입니다. 예를 들어 상담 중에 그들이 너무도 미숙한 내용을 말했을 때. "어? 그게 무슨 뜻이야?" 하고 되묻는 것입니다. '마음속 깊은 곳에 좌절감'을 품고 있는 그들은 이런 사소한 메시지에도 '내가 이상한 말을 하고 있는 건가?' 하고 민감하게 반응합니다. 이를 "그건 이상한데"라고 직접적으로 맞받아치면 심리적 충격이 커서 역효과가 나타날 수 있습니다. 따라서 깜짝 놀랐다는 반응을 보이며 위화감을 전달하는 정도가 적당한 자극 강도인 경우가 많습니다.

또한 그들이 바깥세상의 구조에 대해 불만을 토로할 때는

"실은 네가 원하는 대로 바꿔 주고 싶지만 바꿀 수가 없지 않느냐" 하는 태도가 도움이 됩니다. 그들은 '바꿀 수 없는 현실'을 마주하면, 그 현실을 알려 준 사람이 자신을 가로막고 있다고 인식하곤 합니다. 상담 현장에서 "그건 바꿀 수 없는 건데" 하고 말하면, 실제로 상담사는 그 일과 관계가 없는데도 상담사가 자신의 생각을 가로막고 있는 것처럼 느끼는 경우가 많습니다. 그래서 "실은 나도 네가 원하는 대로 바꿔 줄 수 있다면 좋겠지만"이라는 말을 덧붙임으로써 불필요한 관계의 악화를 막을 수 있습니다.

그런 다음에 바꿀 수 없는 현실을 전달하는 것인데, '우리 모두가 그 현실의 우산 아래 살고 있다'라는 이미지가 중요합니다. 그들은 뜻대로 되지 않는 현실에 대해 '왜 나만'이라는 불만을 품는 경향이 있습니다. 한 고등학생은 특정 과목 시간만 되면 보건실에서 쉬고 싶어 했는데, 보건교사가 "2교시를 연속으로 쉴 거면 조퇴하라"는 말을 듣고 불만이 거세졌습니다. 이런 불만을 토로한 학생에게 상담사는 "감염병이 유행한 적도 있고 어느 학교나 그런 규칙을 적용하는 경우가 많아요. 불만이야 있겠지만, 한 시간을 쉬었는데도 나아지지 않는다면 병원에서 진찰을 받아야 하는 병일 가능성도 있으니까요"라고 말했습니다. 물론 이 말 한마디로 납득한 것은 아니지만, 적어도 보건교사가 자신을 겨냥해 고약한 행동을 한다고는 생각하지 않게 된 것입니다.

이렇듯 그들에게 바꿀 수 없는 현실을 전달할 때는 그 현실의 근거가 되는 이유를 설명하는 것이 중요합니다. 가능하다면 그 배경이 되는 역사적 배경, 가치관, 사상 등도 함께 제시할 수 있으면 좋습니다. 제시하는 현실이 모호한 것이라면, 현실을 들이댄 상대에게 분노의 화살이 향하게 되어 현실을 받아들이는 것을 저해하게 됩니다. 이 부분은 전달하는 입장에 있는 사람이 잘 공부하면 해결할 수 있는 점입니다.

이렇게 그들과 친해지는 법을 고민하며 여러 번의 교류를 거쳐 상담사가 권위를 갖는 형태가 되면 뜻밖에 이익을 얻게 됩니다. 그들보다 우위에 있음을 어필하려는 것은 가당치도 않은 말이지만, 그렇다고 해서 '아래'로 보이면 도움을 줄 수 없습니다. 그들에게 인정받아 다소 귀에 거슬리는 말을 하더라도 '이 사람이 하는 말이라면' 하고 받아들여 주는 관계가 지속된다면 가장 이상적입니다.

# 4
# 학교와의 관계가 틀어지기 쉬운 부모의 특징

## 어떤 사례를 예로 들고 있는가

지금부터는 번외편입니다. 주로 자녀의 부적응을 중심으로 언급해 왔는데, 아마 독자 분들께서는 그들의 부모에게도 특징이 있다는 것을 알 수 있었을 거라 생각합니다. 이 장의 마무리는 학교와의 관계가 틀어지기 쉬운 부모의 특징과 학교의 대응에 대해 제 경험을 바탕으로 이야기해 볼까 합니다.

지금까지 자녀의 부적응에 대한 배경으로 자녀의 문제를 인정하지 못하거나 부정적인 면을 받아들이지 못하거나 자녀의 불편한 감정을 견디지 못하는 부모의 모습이 관련되어 있음을 지적했습니다. 이런 양상은 학교와의 관계에도 영향을 줍니다.

이러한 경향이 있는 부모는 자녀가 일으킨 문제(범죄 행위가 될 수 있는 것까지 포함)를 전달하더라도 바르게 인식하지 못하는 경우가 있습니다. 자기 자녀가 한 것이 명백한 일인데도 "우리 아이는 안 했다고 하는데, 의심하는 겁니까!" 하고 사실을 부인하거나, 학교 폭력의 가해자가 되면 "조사할 때 아이가 무서워했다"라는 식으로 논점을 흐리는 말을 하거나 "학교가 아이들을 제대로 관리하지 않아서 일어난 일"이라고 책임을 전가하는 등 다양한 유형으로 자녀의 문제를 인정하지 않는 모습이 드러납니다.

또한, 자녀에게 문제가 있는 것을 받아들이지 않기 때문에 학교 측에서 가정과 연계해 대응하려고 해도 학교가 할 일이라며 가정 내에서 비협조적으로 대응하는 경우가 많아, 결과적으로 아이의 문제가 지속되는 경향이 높습니다.

제 입장에서는 이러한 학교-가정 간 문제에 개입할 기회가 많은데, 안타까운 일이지만, 가정과 어떻게 관계를 맺어야 할 것인가를 학교 측이 이해할 필요가 있음을 느끼게 되었습니다(따라서 이 주제의 주된 독자는 학교 교사입니다). 이하에서는 구체적인 부모의 언행 유형과 학교의 대응 방법에 대해 말하고 있습니다. 특히 제삼자가 개입할수록 학교와 가정의 관계가 얽혀버리는 사례를 상정해 설명하겠습니다. 개인적인 인상이지만,

하나의 시(市)에서만도 이런 사례들이 두세 건은 있는 것 같습니다(이 부분에 대해서는 지역 차가 클 수도 있음). 앞에서 번외편이라고 말했듯이, 어디까지나 한정된 사례에서 보이는 대응 방식에 대한 언급임을 참작해 주길 바랍니다.

## 학교와의 교류에서 볼 수 있는 유형별 특징

꼭 알아야 하는, 문제가 되기 쉬운 부모의 행동 유형 중 하나는 '무력감과 죄책감을 끌어내는 것'입니다. 예를 들어 "이런 것도 못 하는군요", "겨우 그 정도인가요?", "아이가 상처받겠네요"와 같은 말을 하거나 심한 경우에는 아이를 학교에 보내지 않는 것으로 상대에게 죄책감이나 무력감을 느끼게 하는 유형입니다(제2장에서 소개한 유형). 이런 유형은 '요구를 관철시키겠다', '상황을 바꾸게 하겠다'라는 의도가 느껴지는 경우가 많은데, 응할 수 없는 요구에는 무대응이 정답입니다. 무력감과 죄책감을 자극 받으면 심리적 부담이 매우 커지기 때문에 사전에 부모의 특징을 파악할 수 있다면 미리 파악해 두는 편이 좋습니다. 그래서 이들이 어쩌면 내 '죄책감이나 무력을 자극하는 반응을 보이겠지' 하는 예측을 세워 두는 것이 중요합니다. 절대 하지 말아야 하는 것은 그런 유형의 부모에 휘말려 도를 넘은 악수를 두고 문제를 더 크게 만드는 것입니다.

또한 불편한 상황을 바꾸려는 시도의 유형 중에는 타 기관과의 연계를 어렵게 만드는 경우가 있습니다. 부모가 학교가 아닌 다른 기관에서 아이의 문제를 자세히 설명하지 않고 학교의 대응에 대한 불만을 토로한다고 예를 들어 보겠습니다. 그 기관은 부모의 진술만을 바탕으로 학교의 대응에 우려를 표하게 됩니다. 그러면 그 부모는 "○○에서도 상담했는데 학교의 대응이 잘못됐다고 하더군요"라며 타 기관의 말을 빌려 학교를 비난하고 대응책을 바꾸게 하려 합니다. 이런 유형에 휘말리면 타 기관에 대한 불신이 커지기 쉽고 연계가 곤란해집니다. 중요한 것은 학교 외의 기관이 '아이의 정보와 학교의 대응'에 대해 학부모의 진술과 현실이 다를 가능성도 고려하여 학교와 연계해 다각적으로 정보를 수집하는 것입니다. 또한 평소 학교와 타 기관이 긴밀하게 연계해 서로 신뢰관계를 다져 두는 것도 중요합니다.

의외라고 생각할 수도 있지만, 이런 유형을 보이는 부모라도 학교 상담사와 이야기하다 보면 냉정하게 현실적으로 이야기할 수 있습니다. 때로는 규범적인 부모의 모습으로 비칠 때도 있을 정도입니다. 다만, 학교 상담사가 이를 두고 '역시 학교 측 대응이 잘못 돼서 학부모님이 화를 내는구나'라고 안이하게 해석하는 것은 피해야 합니다. 아이의 문제를 마주하는 고통으로부터 상황을 바꾸려고 하지만, 그 시도는 '상황을 바꿀 힘이 있는 체제 쪽'으로 향해지기 마련입니다. 바꿔 말하면, 상황을 바꿀 힘이 없는 비체제 쪽과의 관계에서는 분노나 불만이 전면에 드러나지 않고 나름대로 이성적으로 행동할 수 있다는 것입니다. 학교 상담사는 이러한 학부모의 언행 차이를 자신의 관계 기술이나 학교의 대응 미숙으로 귀속시키지 않는 신중함이 필요합니다.

또한, 이러한 학부모의 요구를 들어주는 과정에서 학교가 수용한 것을 서면으로 제출할 것을 요구하는 유형도 많이 볼 수 있습니다. 서면을 제출하는 것에 대해서는 학교와 교육위원회와의 논의도 있겠지만, 제출하더라도 어디까지나 그 시점의 합의 내용이라는 점을 강조하는 것이 중요합니다. 왜냐하면 아이의 상태는 날마다 바뀔 수 있고, 어제까지는 적절했던 대응이 다음 날에는 그렇지 않을 수도 있기 때문입니다.

## 학교에서의 대응

그렇다면 이러한 유형을 보이는 학부모에게 학교가 어떻게 관여해야 하는지에 대해 짚어보겠습니다. 학교가 지향해야 하는 바는 부모가 아이의 문제를 인정하고, 가정과 학교가 서로 적절하게 대응함으로써 자녀가 문제 행동을 보이지 않게 되고 사회적으로 성장해 가는 모습입니다. 그러기 위해서는 '아이의 문제=현실'을 학교와 가정에서 적절히 공유하는 것이 필요합니다.

혹자는 '그렇게까지 하지 않아도 아이는 결국 성장한다'라고 생각할 수 있지만, 저는 그렇게 생각하지 않습니다. 왜냐하면 아이의 문제를 인정하지 않는 부모의 모습은 자녀가 자신의 문제를 인정하지 않는 모습으로 이어지고, 그 마인드는 꽤 오랜 기간 지속될 것을 확신하기 때문입니다. 그래서 다음으로 언급하는 학교들의 대응은 단순히 눈앞의 아이만을 보는 게 아니라, 그 아이가 중·고등학생이 되었을 때, 사회에 나가 어려움을 앞두고 있을 때, 미래에 자녀를 키울 때를 생각하고 있습니다. 더 나아가 그들의 자녀가 우리 지원자들 앞에 나타나는 상황이 될 가능성을 줄이기 위해 하는 일이라고 생각하면 됩니다.

① 사회적으로 적절한 대응을 견지한다

대부분 적절한 대응을 했더라도, 학교가 '사회적으로 부적절한 대응'을 한 번이라도 하게 되면 그 대응으로 인해 문제가 발생했다는 인식이 생겨날 수 있습니다. 경우에 따라서는 그 부적절한 대응 하나로 재판까지 가는 사례도 있습니다. 따라서 가능한 한 사회적으로 적절한 대응을 견지하는 것이 중요합니다. '학교가 적절한 대응을 하고 있음에도 불구하고 아이의 문제가 계속되고 있다'라는 상황을 만들어, 어떤 대응이 적절한지를 현실적으로 논의하기 쉬운 토대 형성을 목표로 하는 것입니다.

이때 중요한 것은 부모가 바라는 대응이나 아이가 바라는 대응이 아니라 사회적으로 적절한 대응이라는 점입니다. 예를 들어 문제를 일으킨 아이가 "부모님에게 말하지 말아 달라"고 애원했다고 해서 학교가 말하지 않는다면, 문제가 한층 더 불거졌을 경우 "왜 알리지 않았느냐"고 비난받을 수 있습니다. 부모의 주장에도 일리가 있습니다. 따라서 아이가 "부모님에게 말하지 말아 달라"고 애원했더라도 "네가 한 일의 무게를 고려해 학교가 부모님께 알릴지 여부를 판단하겠다"라고 하는 것이 올바른 태도입니다. 아이가 '말하지 말아 달라'고 애원했음에도 불구하고 부모에게 알렸기 때문에 '아이와의 신뢰 관계가 깨졌다'라고 부모가 불만(왜인지 모르지만)을 토로하는 경우가 있는데, 이는 큰 착각입니다. 부모를 포함한 어른들이 학교 규칙을 소중히 여기고 그것을 지키려고 하는 것, 그리고 학교 측이 아이들을 보호하기 위해 그 규칙에 따라 의연하게 대응하는 것이야말로 아이들의 신뢰를 얻는 데 가장 중요한 사항입니다.

## ② 학교의 틀을 명확히 제시한다

학교가 의연한 태도로 '학교의 틀'을 제시하는 것도 중요한 접근법 중 하나입니다. 이것은 제4장에서 언급한 '마주하게 하기'라는 방식과 본질적으로 동일합니다. 변하지 않는 틀을 보여줌으로써 아이의 현실을 제대로 마주하게 하려는 것입니다.

'학교의 틀을 명확히 제시한다'라는 것은 간단히 말해서 '학교가 할 수 있는 것과 할 수 없는 것'을 확실하게 이해하고, 할 수 있는 범위에서 상호작용을 하자는 것입니다. 지극히 당연한 것처럼 들릴지도 모르지만, 학교라는 조직에서는 이것이 의외로 어려운 일입니다. 기존의 학교에서 했던 대응은 학부모의 다소 무리한 요구에도 대응해 왔다는 이력이 있습니다. 또 힘들지만 요구를 들어주면 학부모도 학교의 노력을 인정하고 손을 맞잡을 수 있는 결과도 많았습니다. 그래서 학교 측에서 한계를 제시하는 것에 거부감을 갖는 교사들이 적지 않고, 실제로 "학교에서 이건 안 된다고 말하기 어렵다"라고 말하는 교사들도 여러 번 만났습니다.

그런데 제가 경험한 큰 문제가 된 사례들을 보면 상당한 비율로 학교가 학부모의 요구에 대해 '억지로 무리하고 있다'라는 것을 볼 수 있었습니다. 어떻게 생각해도 무리한 요구를 들어주려고 한 나머지 현장에서 아이들을 상대하는 교사에게 과도한 부담이 생기고, 그로 인해 아이들과 적절하지 않은 관계가 발생해 학부모의 불만이 증대하는 악순환을 낳는 것은 대책이 될 수 없습니다.

2023년 2월 7일 문부과학성에서 '집단 괴롭힘에 대한 적확한 대응을 위한 경찰과의 연계 등을 철저히 할 것'이라는 공문이 내려왔습니다. 범죄 행위로 취급되어야 할 집단 괴롭힘 등은 학교만으로는 완전하게 대응할 수 없는 경우도 있어, 학생 지도 범위 내에서 대응하는 것에서 그칠 것이 아니라 즉시 경찰에 신고·상담하여 적절한 지원을 요청하는 것을 추진하는 내용입니다. 이 공문은 집단 괴롭힘에 초점을 맞춘 것이지만, 문제가 심각한 가정의 경우, 아이가 사회적인 관점에서 보면 범죄 행위가 될 만한 문제(학교 비품 파손, 학생이나 교사에 대한 폭력, SNS에 개인정보 유출 등)를 일으켰음에도 불구하고 부모가 이를 인정하지 않을 수 있습니다. 이러한 문제에 대해 경찰을 비롯한 외부 기관에 지원을 요청하는 것은 학교의 틀과 한계를 제시하고, 부모와 자녀 모두 '이것만은 용납될 수 없는 일'이라는 현실을 직시할 수 있는 좋은 기회가 될 수 있습니다.


③ **주변 학생들에 대한 접근법**
안타까운 일이지만, 이 장에서 언급한 특징을 갖춘 부모와

자녀의 언행이 그리 쉽게 바뀌지는 않습니다. 냉정하게 말해서, 문제 행동을 보이는 아이와 부모보다 그 주변에 있는 학생에게 접근해 가는 편이 상황의 변화가 빠른 경우가 많습니다. 구체적으로는, 문제 행동을 일으키는 아이가 있을 때 주변 학생들이 동조하거나 과도하게 반응함으로써 문제 행동이 확대되는 것이 우려됩니다. 심한 경우에는 문제 행동을 먼저 했음에도 불구하고 "저 아이가 시끄럽기 때문에 우리 아이도 반응하는 것"이라며 동조한 학생의 책임으로 돌리는 경우도 있습니다. 따라서 주변 학생을 보호한다는 의미에서도 그러한 동조 반응을 가능한 한 줄이도록 손을 쓰는 것이 중요합니다.

 그것은 문제 행동을 보이는 아이에 대한 지원이기도 합니다. 교실에서 여러 명이 문제 행동을 보이는 상황이 되면 사실 여부와 상관없이 학급 운영상의 문제로 간주될 가능성이 높아지고, 학부모 입장에서는 자연스럽게 '선생님에게 문제가 있는 것이 아닌가?'라고 생각할 수 있습니다. 따라서 '문제 행동을 일으키는 것은 이 아이만이다'라는 상황을 만들고, 이를 바탕으로 부모가 아이의 문제와 마주할 수 있도록 하는 것이 중요합니다.

 또한 문제를 일으키는 아이나 그로 인해 학급이 어수선해지는 일에 지친 학생들을 어떻게 지원할 것인가도 매우 중요합니다. 이러한 학생 중에는 어수선한 학급에 있는 것에 심리적 부담을 느껴 "학교에 가기 싫다"라고 털어놓기도 하는데, 그런 경향은 '학교라는 틀 안에서 열심히 생활하자'라는 의식이 강한 학생일수록 더욱 두드러집니다. 자신의 내면과 너무나 다른 현실에 심리적 부담을 느끼는 것은 지극히 자연스러운 일이므로 어떤 식으로든 지원하는 것이 중요합니다.

이런 학생에게 건네고 싶은 말로, 제가 교사에게 조언하는 내용은 다음과 같습니다.

- 너의 학교생활 방식은 틀리지 않았다는 것.
- 너를 힘든 상황에 놓이게 해서 미안하게 생각하고 있다는 것.
- 설명 가능한 범위 내에서 학교가 하고 있는 대응책을 전달할 것(학교가 아무것도 하지 않는다고 생각하면 학생의 고통은 더욱 심해지기 때문).
- 이러한 내용을 교사의 솔직한 심정과 함께 전달할 것.

학생의 상태를 인정하고, 그것을 존중하는 자세로 대하면 좋습니다. 지금까지 경험한 사례 중에서, 문제 상황에 지칠 대로 지친 여자아이들이 많은 학교에서는 교장실에서 '여학생 모임'

을 열어 감정을 공유한 경우도 있었습니다.

이 부분은 관리직, 학교의 규모나 사고방식, 해당 학생의 보호자와의 관계성 등에 따라 가능한 범위는 달라지겠지만, 타인을 지지하는 데 정해진 방식은 없다는 것을 보여주는 좋은 예시라고 생각합니다.

### ④ 긴타로 사탕[12]을 지향한다

여기서 소개하려는 가정에 대한 대처법에는 교내의 정보 공유가 필수입니다. 부모가 어떤 교사에게 물었더니 'A'라고 답했는데, 다른 교사에게 물었을 때 'B'라고 답하는 상황이 있어서는 안 되는 것입니다. 가정과의 관계, 학부모와의 연락 내용, 아이에게 행한 지도 내용 등을 꼼꼼하게 기록하고 그것을 관련 교사들이 공유하는 것이 중요합니다. 말하자면 '긴타로 사탕'처럼 어디를 잘라도 같은 얼굴이 나오는 조직 상태를 유지하는 것처럼, 누구에게 묻더라도 같은 대답이 돌아오는 상태로 해두는 것이 중요합니다.

왜냐하면 앞서 소개한 사례 같은 경우, 상당한 비율로 '말했다/말하지 않았다'의 문제가 발생하는 경우가 많고, 때로는 학

---

12) 어디를 자르든 단면에 긴타로의 얼굴이 나오는 기다란 가락엿에서 유래된 사탕으로, 개성이 없고 획일적인 것을 의미한다.

부모가 학교에 요구한 것임에도 불구하고 어느새 '학교가 요구했다'라는 형태로 학부모의 머릿속에서 다시 쓰인 경우도 있기 때문입니다. 이러한 사실과 다른 인식으로 인해 사태가 진행되는 것을 막기 위해서는 학교에 확실한 정보 공유 시스템이 구축되고, 필요한 상황에서는 그에 근거해 회신하는 것이 요구됩니다. 그 밖에도 아이를 지도하기 전에는 그 형태(인원수나 지도 내용)가 적절한지 협의하고, 학부모와 대화할 때는 다른 교사가 동석해 기록을 남기는 등 세심한 준비도 중요합니다.

이러한 대응은 자녀와 가정에 대한 지원이라기보다 학교의 '위기관리'에 대한 부분이 됩니다. 위기관리가 심리 지원과는 거리가 멀게 느껴지는 사람도 있을 수 있겠지만, 이러한 위기관리를 잘해 두면 가정이 현실을 경험하는 것으로 이어지고, 학교 조직이 안정적으로 대응할 수 있다는 등의 장점이 있기 때문에 위기관리도 넓은 의미에서 심리 지원의 일환이라고 볼 수 있습니다.

## 경과와 예후에 대해서

이렇게 학교의 틀을 명시하면서 대응하다 보면 부모는 '자녀의 문제'에 직면하게 됩니다. 이때 전형적으로 나타나는 부모의 반응들이 있어 그 사례를 소개할까 합니다.

## 현실적인 문제에 닥치자 몹시 침울해진 어머니

초등학교 6학년 남학생. 명백한 범죄 행위를 저질렀지만,
부모는 그 사실을 인정하지 않고 확실한 증거를 제시해도
듣지 않으면서 "학교의 대응이 잘못됐다"라고만 우겨 댔다.
이에 관리 직원이 "다음에도 같은 행동을 하면 경찰을 부르
겠습니다"라고 부모와 아이에게 말하자, 어머니는 갑자기
침울해지면서 아이에게 비관적인 말만 늘어놓게 되었다.

이 사례에서 학교는, 그동안 아이의 문제를 인정하지 않고
학교를 비롯한 외부로 배출하는 것이 일상이었던 학부모에게
학교 입장의 한계를 제시하고 경찰이라는 외부 기관과의 연계
가능성을 전달한 것입니다. 애초에 부모가 자녀의 문제를 인
정하지 않는 것은 그것을 인정했을 때 발생하는 마음의 충격이
고통스럽기 때문이고, 그래서 더욱이 그 문제의 원인이 외부에
있기를 바라는 것입니다. 이러한 대응으로 인해 부모는 마음의
충격을 받을 수밖에 없습니다. 그럴 때 일어나기 쉬운 반응 중
하나가 부모의 심각한 우울함입니다.
　이러한 우울함의 반응이 나오면 학교 측의 대응이 잘못됐던
것이 아닐까 하는 생각이 들기 쉬운데, 꼭 그렇지만은 않다고

생각합니다. 원래 부모 마음의 취약성이 인정되는 경우도 있지만, 오히려 전부터 자녀의 문제를 인정하지 않는 마음의 유형 때문에 충격을 흡수하지 못하는 상태가 되었을 가능성이 높기 때문입니다. 하지만 본래 이 마음의 충격은 부모가 받아들여야 하는 것이고, 이러한 경험을 통해 부모 스스로 아이의 현실을 직시할 수 있도록 성장해 나가야 합니다. 학교 입장에서 중요한 것은 아이의 문제 행동을 적절하게 전달하면서도 이러한 마음의 충격을 받은 부모를 지지하고 성장을 촉진할 수 있는 관계를 유지하는 것, 이 두 가지의 양립입니다. 정통적인 방법으로는 학교 상담사 등의 외부 전문가를 투입해 학부모를 지원하는 역할을 맡기는 방법이 있지만, '문제를 전달하는 역할'과 '지원하는 역할'은 서로 겹치는 것이 당연하기 때문에 가능하면 어떤 역할이든 동일 인물·동일 기관에서 맡는 것이 이상적입니다.

마지막으로 예후에 대해서도 말해 보겠습니다. 앞서 언급한 바와 같이 학교가 틀을 제시하고 있는지, 그 틀의 경계에서 학교와 가정이 조정이나 타협이라는 노력을 하고 있는지(실제로 조정이 되었는지, 타협이 이루어졌는지가 아니라) 여부에 따라 예후는 상당히 달라집니다.

이런 노력을 하지 않은 아이의 경우, 안타깝게도 그 후의 경과에서도 본질적으로는 큰 변화를 볼 수 없는 경우가 많습니다. 예를 들어 초등학교에서 발생한 문제 행동에 대한 틀을 제시하지 않고 중학교로 진학한 경우, 중학교에서도 비슷한 문제를 보이는 경우가 많습니다. 또한, 겉으로 드러나는 문제는 해결되었어도 속으로는 학교에 적응하는 것에 불쾌감을 느끼고 있는 경우도 생각해 볼 수 있습니다.

반면, 학교가 틀을 제시하거나 틀의 경계에서 조정 등을 노력해 왔다면 그 자리에서는 아이의 문제 행동에 큰 변화가 없더라도 "지금 이대로의 네가 걱정된다"라는 메시지를 보낼 수 있습니다. 그리고 이 메시지가 내면화됨으로써 아이가 '새로운 상황'에 들어섰을 때 변화를 향한 지향성을 발생하기 쉽게 해 준다고 볼 수 있습니다. '지금 상황'이 아닌 '다음 상황'에서 개선되기 쉽다는 점이 아쉬운 부분이지만(그래서 초등학교에서 난리법석이었던 아이가 중학교에서는 차분해졌다면 초등학교 교사늘이 무척 애써 주었구나 하고 생각하는 것이 중요합니다), 애초에 교육은 그 순간에만 행하는 것이 아니라 다음 단계로 이어지면서 이루어지는 활동이므로 지금 내가 하는 일이 아이의 장래와 연결되어 있다는 믿음을 가지고 부모와 자녀를 마주하는 것이 중요합니다.

# '너 메시지'와 '나 메시지'

아이가 바람직하지 않게 행동하거나 무언가 실패했을 때, 부모나 교사 등 주변 어른들이 어떤 말을 건네느냐에 따라 아이가 그 바람직하지 않은 행동이나 실패의 경험을 받아들이고 앞으로의 자양분으로 삼느냐에 중요한 영향을 미칩니다. 그런데 그 말의 중요성을 인식하지 못한 채, 혹은 그 인식을 초월해 급발진하듯이 "왜 그런 짓을 했어!", "○○하면 안 되지!" 하고 호통 치는 경우가 있습니다.

이러한 말을 '너 메시지(You Message)'라고 합니다. 일본어(특히 구어체)에서는 주어가 쉽게 생략되는 경향이 있어 잘 인식하지 못하지만, "너는 왜 그런 짓을 했어!", "너는 ○○하면 안 돼!"와 같이, 이런 말의 주어가 '너 (You)'이기 때문에 '너 메시지'라고 부릅니다. 이 너 메시지는 상대방에게 직접적으로 자신의 생각을 전달하는 말로는 매우 효과적이지만, 부작용이 있습니다. 바로 감정에 치우치기 쉬워서 결과적으로 상대방(자녀)에게 상처를 주는 동시에 상대방도 감정적으로 만들어

버린다는 점입니다. 부모와 자식 사이뿐 아니라, 친구 사이, 부부 사이에서도 싸울 때 주고받는 말을 떠올려 보면 그때 사용되는 대부분의 말이 너 메시지로 이루어져 있습니다("너는 왜 ○○인 거야", "너도 □□ 하고 있잖아" 등). 너 메시지는 자신과 상대방을 감정적으로 만들어 버리기 때문에 상황은 점차 악화되어 수습이 어려워집니다.

너 메시지는 아이를 칭찬할 때도 사용됩니다. 시험에서 만점을 받았을 때 "(너는) 대단해!"라고 칭찬하고, 도움을 주었을 때는 "(너는) 착한 아이구나!"라고 말하기도 합니다. 어린아이라면 '대단하다', '착한 아이'라는 말을 들으면 기뻐하겠지만, 중·고등학생은 그런 말을 들어도 순순히 기뻐하지 않습니다. 오히려 무시당했다거나 어린아이 취급을 당한 것처럼 느껴 발끈할 수도 있습니다. 이처럼 너 메시지는 칭찬할 때도 상대방을 불쾌하게 할 가능성이 있습니다.

너 메시지가 상대방을 감정적으로 만들거나 불쾌하게 만드는 이유는 무엇일까요? 한 가지 이유로는 사물의 기준과 평가의 주체가 너 메시지를 발신하는 쪽(어른)에 있기 때문이라고 생각합니다. 아이가 하고 싶어서 한 일을 어른들이 "○○하면 안 돼!"라고 말합니다. 이 행동을 해도 되는지 아닌지의 기준이 어른에게 있어서, 아이의 의지보다는 어른의 기준이 더 중요하게 여겨집니다. 아이가 100점 만점의 시험에서 80점을 맞았다고 가정해 봅시다. 이것을 두고 "왜 이렇게 많이 틀렸어!"라고 비난할지, "잘했네"라고 칭찬할지는 어른이 이 80점을 어떻게 평가하느냐에 따라 달라집니다. 아이는 별로 자신 없던 시험에서 80점을 받았다고 기뻐하는데 반해, 어른(부모)이 "왜 20점이나 실수했어!"라고 말한다면 아이는 당연히 실망하게 됩니다. 반대로 100점을 목표로 했을 경우에는 "80점이나 받다니 잘했네"라는 말을 들으면 무시당한 것 같아 서운한 마음이 들 수도 있습니다. 물론 아이의 기준과 어른의 기준이 일치하는 경우에는 너 메시지로도 별다른 문제가 없겠지만, 실제 대화 장면을 돌이켜 보면 너 메시지로 인해 갈등이나 다툼, 불쾌한 감정이 생기는 경우가 많은 것 같습니다.

이 문제를 해결하는 방법으로는 너 메시지 대신 '나 메시지(I Message)'를 사용하는 것입니다. 아이가 바람직하지 않은 행동을 했을 때 "나는 네가 그런 행동을 하지 않았으면 좋겠어", "그런 행동을 당하면 나는 기분이 좋지 않아"와 같이 '나(I)'를 주어로 하여 상대방에게 의견을 전달하는 것을 '나 메시지' 전달법이라 합니다. 아이가 시험에서 좋은 점수를 받아왔을 때는 "나도 기쁘네"라고 전달합니다. 실제로 나 메시지를 사용하려고 하면 평소 그다지 익숙하지 않아서 조금 딱딱하고 쑥스럽기도 합니다. 하지만 실제로 사용하다 보면 너 메시지의 문제점이 해소되는 것을 알 수 있습니다. 우선, 표현이 익숙하지 않은 만큼 어떻게 전달하면 좋을지 고민해야 하기 때문에 감정적으로

구는 일이 줄어듭니다. 또한 "기분이 좋지 않네"라고 말함으로써 말투도 차분해집니다. 이는 결과적으로 상대방(아이)에게 불쾌한 감정을 유발하는 것을 예방하는 효과도 있습니다. 또 '○○하지 않았으면 좋겠다', '기쁘다' 등의 기준은 그것을 말한 어른 측에 있지만, 나 메시지는 '나는 이렇게 생각한다', '나는 이렇게 느낀다'라는 것을 전달할 뿐 어른 측의 기준이나 평가를 아이에게 밀어붙이지 않습니다. 아이 자신은 이렇게 느꼈어도, 어른(부모)은 이렇게 느꼈다는 느낌의 차이를 인식할 수는 있어도 그것을 강요받는 것이 아니기 때문에 어른(부모)의 말에 반발할 필요가 없는 것입니다.

그리고 나 메시지의 또 다른 장점은 이러한 인식과 수용 방식의 차이를 명확히 할 수 있다는 점입니다. 아이에게 부모는 어릴 적부터 곁에 있어 준 내 편이고, 그 기준과 사물에 대한 인식이 같은 존재라고 생각하기 쉽습니다. 하지만 실제로는 부모와 자식은 개별적인 존재이며, 같은 사안이라도 그 인식이나 수용 방식은 다를 수 있습니다(앞에서 예로 든 80점의 시험 점수처럼). 너 메시지에서는 그 인식이나 수용 방식의 차이를 어른이 아이에게 강요하기 때문에 냉정하게 그 차이를 받아들이지 못하지만, 나 메시지에서는 감정적으로 반응하지 않고 부모는 부모, 아이는 아이 나름대로 느끼는 느낌이 있다는 것을 받아들일 수 있습니다. 이 부모와 자식 간의 인식의 차이를 통해 아이는 자신과 타인은 별개이며, 완전히 똑같은 인식이나 사고방식을 가진 사람은 없다는 자기와 타인의 경계를 깨달을 수 있게 되는 것입니다.

제3장의 칼럼에서도 쓴 것처럼 타인의 말과 행동을 바꾸는 것은 쉽지 않지만 자신의 말과 행동을 바꾸는 것은 비교적 간단합니다. 우선은 부모와 자녀의 대화에서 사용하는 너 메시지를 조금이라도 나 메시지로 바꿔 봅시다. 나 메시지의 효과를 금세 느낄 수 있을 것입니다.

# 제 5 장

# 내 아이를 위해
# 알아두어야 할 것들

# 1

# 기타 부적응과의 관계

## 기존의 등교 거부

당연한 말이지만, 아이들이 드러내는 문제는 이 책에서 소개한 부적응만 있는 것은 아닙니다. 때로는 다른 부적응과 얽혀서 나타나기도 합니다. 여기서는 다른 부적응과의 유사점과 구별에 대해 설명하고, 대응할 때 주의해야 할 점을 들어보겠습니다.

먼저 제1장에서 설명한 것처럼 기존의 등교 거부와의 다른 점을 정리해 보겠습니다.

## ① 부적응 시기의 차이

기존의 등교 거부는 자아가 싹트고 자신의 욕구가 분출하는 열 살 전후에 부적응이 발생하는 경우가 많고, 그때부터 중학생 때까지 등교 거부의 정점이 되는 시기가 찾아옵니다.

이에 반해, 이 책에서 소개한 부적응에서 기인한 등교 거부는 '자신이 잘 적응할 수 있을지 알 수 없는 상황', '자신의 실력이 세상에 드러날 것 같을 때', '익숙하지 않아서 잘 대응할 수 없을 것 같은 상황' 등이 기점이 되기 쉽습니다. 따라서 초등학교 입학 직후처럼 새로운 틀에 들어가는 시기, 공부가 어려워지기 시작하는 초등학교 3, 4학년, 중학교 입학 후 첫 시험에서 실력이 점수로 명시되는 상황, 고등학교 입학 직후 대폭적으로 학습량이 늘어나는 시기, 고등학교 입시나 대학교 입시 등 자신의 실력과 마주해야 하는 상황 등에서 부적응이 발생하기 쉽다고 할 수 있습니다. 물론 완벽한 자아상이 주변과의 불화를 낳고, 그것이 부적응으로 이어지는 유형도 많습니다. 따라서 매우 다양한 연령층에서 등교 거부가 발생할 수 있으며, 어느 시기가 될지는 아이의 능력과 가정에서의 관계, 학교의 대응, 지역 분위기 등에 따라 좌우됩니다.

## ② 학교에 갈 수 없다는 것에 대한 갈등의 강도 차이

기존의 등교 거부에서는 사회·가정·본인이 '학교는 당연히 가는 곳'이라는 인식을 공유하고 있었기 때문에 학교에 갈 수 없는 상황은 본인에게 강력한 갈등을 초래했습니다.

하지만 최근 증가하고 있는 등교 거부에서는 학교에 갈 수 없는 것에 대한 갈등이 적은 것이 특징입니다. 등교 거부에 대한 지원으로 등교를 일순위로 하지 않고 충분히 휴식을 취하는 방침이 사회에 뿌리내리고, 가정이나 아이들에게도 '학교는 당연히 가는 곳'이라는 의식이 예전만큼 높지 않다는 사정이 그 배경에 있습니다. 또한 싫어하는 것이나 상황으로부터 회피가 많은 아이나 그것을 용인하는 가정의 경우, 본인이 불쾌해하는 등교를 목표로 하는 방침을 세우지 않기 때문에 당연히 아이 본인에게는 '학교에 갈 수 없는 것에 대한 갈등이 생기기 어려워집니다(정확히 말하면 아이의 내면에 갈등은 있지만 표현되는 환경이 아님). 그리고 마음속 깊은 곳에 자리한 좌절감을 감추기 위해 과잉 적응 상태가 된 아이의 경우, 학교에 갈 수 없는 것을 고민하고 있는 것처럼 보일 때도 있지만, 속으로는 '이렇게 괴로운데 왜 학교에 꼭 가야만 하는 거지?' 하고 불만을 품고 있는 경우도 많아, 이러한 생각의 존재는 가정 상황을 세심하게 확인하면 명확해질 수 있습니다.

### ③ 대인관계의 소유 방식 차이

기존의 등교 거부 아이들은 학교에 가지 못하게 되면 대인 관계가 단절되기 쉬웠습니다. 그들은 '학교는 가야지'라는 사고가 강해서 그렇게 하지 못하는 자신에 대해 부정적인 평가를 내리고 주변에서도 자신에 대해 비슷하게 평가하고 있다고 느끼는 경우가 많았기 때문에 주변과 멀어지는 형국이 됩니다. 또한 여자들의 경우, "진심으로 믿을 수 있는 친구가 없다"라고 말하는 것을 자주 볼 수 있습니다. 언뜻 보면 좋은 관계를 맺고 있는 것처럼 보이는데도 말이지요. 이는 그들이 자신의 욕구를 억누르고 주변에 맞춘 모습으로 대인관계를 형성하고 있으며, 마음 깊은 곳에서는 '진짜 내 모습을 보이면 친구들은 받아주지 않을 거야'라고 느끼고 있기 때문입니다. 어찌됐든 기존의 등교 거부에서는 적극적으로 타인과 관계를 맺는 일은 적기 때문에, 바꿔 말하면 대인관계가 회복되면 단적으로 개선된 것이라고 봐도 무방합니다.

이 책에서 소개한 부적응으로 인한 등교 거부에서는 대인관계가 멀어지는 경우와 그렇지 않은 경우로 나뉩니다. 대인관계가 멀어지는 경우는 기존의 등교 거부처럼 단순히 '멀어진다'라기보다는 좀 더 명확한 '거부'를 나타내는 경우가 많습니다. 아이에 따라서는 주변을 무시하는 표현과 함께 "저런 녀석들이 있는 곳에 있고 싶지 않다"라는 말을 내뱉기도 합니다. 특히 완벽한 자아상이 강한 경우 주변의 대인관계 방식이나 평가에 불만을 느끼는 경우가 많아서, 이런 거부나 불만이 많아지는 경향이 있습니다. 반면에 대인관계에 별로 영향을 받지 않는 경우도 있습니다. 이 경우 대인관계는 유유상종이라는 표현이 딱 들어맞는 구성원으로 채워지는 경우가 많습니다. '뜻대로 되지 않는 상황'을 느끼는 방식이 비슷하며, 한 마디로 '죽이 잘 맞는다'라고 생각합니다. 그걸로 끝나면 좋겠지만, 뜻대로 되지 않는 상황에서 느끼는 감정이 비슷한 사람들끼리 같은 공간에서 지내다 보면 바깥세상에 대한 불만이 부적절하게 표출돼 문제가 발생하기 쉽다는 점도 알아둘 필요가 있습니다. 또한, 부모와의 면담이나 학교에서의 대응을 통해 아이가 심리적으로 성장하면서 그때까지 사이좋게 지냈던 친구와 소원해지는 경우도 있는데, 이는 나쁜 변화가 아닐 경우가 많습니다.

대인관계와 관련해서, 등교 거부 상태에 있던 아이가 입시를 앞두고 "아는 사람이 없는 학교로 가고 싶다"라는 희망을 내비치는 경우가 있습니다. 이는 예나 지금이나 관계없이 등교 거부 아이들에게서 나타나는 현상이지만, 그 동기가 다릅니다. 등교 거부라는 경험을 통해 자신의 감정과 사회와의 관계를 둘러싼 갈등을 체험하고, 심리적으로 성장한 아이의 경우, 아는 사람이 없는 학교에서의 재출발이 효과적인 경우도 많습니다. 한편, 자신이 등교 거부를 하게 된 것은 '환경에 문제가 있다'라고 생각하기 때문에 아는 사람이 없는 학교에 가고 싶다는 경우에는 그다지 좋은 결과를 내지 못하는 경우가 많습니다. 물론 그러니까 보내지 않는 편이 낫다는 이야기가 아니라, 본인과의 면담이나 가정 내에서의 생활 모습, 본인의 심리상태를 철저히 파악하고 진학한 후에 겉으로 드러날 수 있는 심리적 과제를 예측하고, 이를 진학처에 전달해 지원이 이어질 수 있도록 해두는 것이 중요합니다.

## 게임에 빠진 아이

마음속 깊은 곳에 자리한 좌절감을 감추기 위해 완벽한 자아상이 비대해졌거나 '내 뜻대로 되지 않는 건 이상해'라는 마인드가 유아기 시절부터 지속되는 아이는 인제나 자신의 이상과 현실의 괴리감에 힘들어집니다. 이런 아이들은 다양한 반응을 보이는데, 그중 하나가 게임에 빠지는 것입니다. 게임에 빠지면 괴로운 현실에서 벗어나거나 눈을 돌릴 수 있다는 장점이 있지만, 의존성이 높아진 아이들의 경우 그 외에도 게임을 통해 얻는 것이 있습니다. 바로 게임 속 캐릭터를 자신과 동일시함으로써 완벽한 자아상을 충족시키는 것입니다. 지나치게 높은 이상과 현실 사이에서 괴로워하는 아이에게 게임 속 캐릭터는 '자신이 이상적으로 생각하는 모습'에 가깝습니다(그것이 강인함인지 자유로움인지 자기효능감인지, 이유는 다양하겠지만). 그것과 자신을 동일시함으로써 일시적 안정감을 얻을 수 있습니다. 하지만 이는 그들이 '현실의 나'를 받아들일 수 있는 기회를 멀리하게 하고, 결과적으로 부적응 상태가 지연되는 것으로 이어집니다. 의존상 태에 있는 아이의 경우, 게임 속에서 패배했을 경우 '게임에서 졌 다'라는 사실에 비해 과도한 분노와 우울감을 보이는데, 이는 패 배한 것이 게임 캐릭터가 아니라 '나 자신'이기 때문이라고 생각 해 보면 그 분노와 우울감이 균형을 이루는 것처럼 보이지 않을 까 합니다.

적어도 이 책에서 말하는 부적응의 구조에 따라 게임에 빠지 는 현상이 발생하는 경우에는 가정에서 게임에 대해 적절한 제 한을 가할 수 있는지 여부가 중요해집니다. 게임에 빠지는 것 이 완벽한 자아상으로 고착해 '현실의 나'를 마주하고 수용해 가는 흐름을 저해하기 쉽기 때문에 물리적으로 게임을 멀리하 는 것에 의미가 있는 것입니다.

물론 저도 게임에서 물리적으로 멀어지게 하는 것이 어렵다 는 것은 잘 압니다. 완벽한 자아상에 의해 게임에 몰두하는 아 이일수록 안하무인으로 행동하거나 가족과의 관계성이 멀어지는 경우가 많습니다. 따라서 지원의 포인트를 게임으로 국한하지 않고, 가정 내에서 아이가 하고 싶은 대로 마음껏 하고 있는 상황에 주목하고, 그 안에서 조금이라도 반격할 수 있는 포인트를 찾거나 부모와 자녀의 소통을 부활시키는 것부터 지원을 시작하려고 합니다.

## 발달장애와 변별하기

발달장애와의 변별에 대해 살펴보겠습니다. 이 책에서 소개한 부적응과 발달장애와의 변별이 어렵다고 느끼는 상황은 '환경에 대한 불쾌감이 발생한다'라는 점입니다.

이 책에서 소개한 부적응에서는 본인에게 불리한 현실을 가공하거나 회피함으로써 온 것으로, '뜻대로 되지 않는 상황'에 대한 불쾌감이 거세지는 것은 이미 설명했습니다. 이 불쾌감과 발달장애 아이들이 보이는 '자신의 특징과 환경의 부조화'에 의해 발생하는 불쾌감이 유사하기 때문에, 이 책에서 소개한 것 같은 구조의 부적응인데도 발달장애라고 여겨지는 경우가 많습니다.

예를 들어 소란스러운 교실에 들어간 아이가 "이렇게 시끄러운 곳에는 있기 싫어"라고 말하고 학교를 쉰다고 했을 때, 대개는 '고집이 셈', '청각 과민의 가능성' 등 발달장애의 요인이 개입되어 있는 것은 아닌지 생각하게 됩니다. 다만, '내 뜻대로 되지 않는 것은 이상해'라는 전제로 바깥세상을 접하는 아이의 경우, 아이가 생각하는 학교의 이미지에서 벗어난 것만으로 "이 장소는 이상하다", "여기 있고 싶지 않아" 같은 반응을 보일 수 있습니다. 이 책에서 지적한 특징은 이런 '진지한 형태'로도 나타날 수 있음을 알아두어야 합니다. 그 외에도 발달장애 아동은 익숙하지 않은 장소를 싫어하는 것으로 알려져 있지만, '마음속 깊은 곳에 자리한 좌절감'이나 '완벽한 자아상'을 갖추고 있는 경우에도 자신이 제대로 기능할 수 없을 것 같은 장소를 싫어하는 경향이 강해, 결과적으로 '처음 가는 장소를 싫어한다'라는 상태가 됩니다.

이 불쾌감을 변별하는 것은 대단히 어렵습니다. 따라서 저는 가족력이나 성장과정을 세밀하게 물어보면서 진위를 판단합니다. 양육 방식이나 현재 아이와의 관계에서, 제2장에서 언급한 것 같은 부모와의 관계가 두드러진다면, '이것은 관계 속에서 개선될 가능성이 있는 특징일 수도 있다'라고 생각해, 발달장애의 지원 방침을 채택하는 것은 보류하고 경과를 꼼꼼하게 살펴봅니다. 또한 그 불쾌감이나 부적응이 발생한 시점도 중요합니다. 그때까지의 성장과정 중 발달장애를 의심할 만한 것이 없었음에도 불구하고, 마음속 깊은 곳에 자리한 좌절감이 자극되

는 상황을 계기로 갑자기 '안절부절못함', '감각 과민' 같은 반응
이 나오는 경우가 있습니다. 전후 관계가 없는 상황에서 이런
아이의 반응만을 보면 발달장애 가능성을 생각하는 것은 지극
히 자연스러운 일이기 때문에 오인하기 쉬운 부분이라고 할 수
있습니다.

물론, '원래 발달장애의 경향이 있고, 평소 상황에서는 드러
나지 않았지만, 강한 부하가 걸려 특징이 드러난 것'이라고 보
는 관점도 있습니다. 그런 시각도 일리가 있다고 할 수 있기 때
문에 지원자의 가치관과 사고방식에 따라 지원 방침이 달라지
기 쉽고, 일률적으로 '어느 쪽이 옳다'라고는 할 수 없습니다.
지원자에게 중요한 것은 자신의 방침과 그 배경에 있는 관점을
자각하고, 그에 따른 변화를 예측하고 그 예측에서 벗어난 사
태가 벌어졌을 때는 관점을 수시로 재검토할 수 있는 유연성이
라고 생각합니다.

발달장애의 경우, 당사자의 특징에 맞춘 환경 조정이 지원법
의 하나로 채택되는 경우가 많지만, 이 책에서 지적하고 있는
부적응에 관해서는 환경을 조정하는 것이 반드시 효과가 있다
고 할 수 없다는 건 이미 언급한 바와 같습니다. 구체적인 사례
를 하나 들어보겠습니다.

초등학교 4학년 남자아이. 전학 전 학교에서는 발달장애 진단을 받아 남자아이의 불편함을 고려해 환경을 조정해 왔다. 전학 후에도 계속 특별지원 학급에 재적 중이지만, 학생이 불쾌감을 표현하는 방식이나 주변을 대하는 태도로 보아 발달장애 이외의 심리적 문제가 있다고 판단했다. 어머니도 아들의 언행에 위화감을 느낀 적이 있어, 학교 상담사와 상의하여 틀이 있는 환경을 구축하고 그 안에서 발생하는 불쾌감의 상호작용을 실천하게 되었다. 처음에는 강한 반발이 있었지만 서서히 안정되기 시작했고, 다음 해에는 일반 학급으로 변경 조치가 이루어졌으며 그 후에도 별다른 문제없이 중학교에 진학했다.

이 사례 속 남자아이는 숙제 등에 대해 "하기 싫은 것은 하지 않는다"라는 말을 서슴지 않고 내뱉고는 했습니다. 그 외의 언행으로 보아도 발달장애의 특징만으로는 모든 걸 설명하기 어려웠기 때문에 견해를 수정해 가정과 학교가 협력하고 대응해 나간 결과, 학교에서의 적응 양상이 크게 개선된 것을 볼 수 있었습니다. 앞서 언급한 대로 이를 식별하는 것은 매우 어려운 부분이지만, 이 책에서 소개한 부적응의 특징을 머리 한구석에 두고 '혹시'라고 생각되는 사례가 있다면, 그 가능성을 가정이나 학교와 함께 논의해 보는 것도 좋을 것 같습니다.

특히 "나는 발달장애니까 합리적으로 배려해라", "그런 배려를 하는 것이 교사의 일이니까"라는 식으로 자신이 환경에 맞춰서 바뀌겠다는 의식이 희박하고, 환경을 바꾸려한다고 판단되는 언행이 보이는 경우에는 발달장애로 간주되는 문제가 존재한다 하더라도 그것만으로 모든 문제가 해결되는 것이 아니라, 이 책에서 소개한 것 같은 부적응의 구조도 숨어 있다고 생각하고 대응할 것을 권장합니다.

## 신체 증상과의 관련성

제2장에서 언급했듯이, 신체 증상으로 인해 무의식중에 환경을 조작하려는 유형도 이 책에서 소개한 부적응에서 볼 수 있습니다. 괴로운 상황에서는 신체 증상이 심화되기 때문에 '마주하기'라는 방침을 택하기 어려운 것은 이미 언급한 대로입니다.

이러한 신체 증상에 어떤 진단명이 붙기도 하는데, 그렇게 되면 점점 더 '본인이 증상을 호소하는 상황에서 멀어지는' 대응으로 이어지게 됩니다. 이는 신체질환에 대한 대응으로서는 당연한 일이지만, 증상의 배후에 이 책에서 지적한 문제가 대기하고 있다면, 힘든 상황을 회피하는 유형이 아이에게 굳어질 위험도 있습니다. 만약 이 유형에 빠졌다고 판단된다면, 주변 어른들이 '신체 증상에 대한 이해'와 '휴식을 허용하는 태도'를 보이면서 동시에 그 신체 증상으로 인해 본인이 받는 불이익에 대한 우려도 함께 전달한다는 것이 기본 태도가 되어야 합니다. 특히 주의해야 할 것은, 부모님이 "오늘 컨디션은 어때?"라는 질문을 과도하게 묻는 것입니다. 이런 질문이 많아질수록 아이가 신체 증상에 대한 생각을 떨칠 수 없게 되는 경향을 보입니다. 따라서 "오늘 기분은 어때?", "학교 가기 싫은 마음은 없어?" 등 신체보다는 기분과 감정에 초점을 맞춰 질문하는 것이 바람직합니다. 이러한 방식으로 아이가 서서히 신체 증상을 호소하지 않게 되었다는 사례도 다수 경험했기 때문에, 상황적으로 가능하다면 시도해 보는 것도 좋습니다.

또한 곤란한 상황에서 신체 증상이 발생하기 쉬운 성장과정이 있습니다. 그것은 실제로 그 아이가 어릴 때부터 신체질환을 가지고 있는 경우입니다. 처음에는 단순한 신체질환이었던 것이 그 증상을 통해 상황을 회피할 수 있다는 유형이 나중에 포함된 형태입니다. 이 경우, 가족도, 학교도 증상으로 인해 쉬는 것에 대해 위화감을 느끼기는 어렵지만, ① 의사가 이미 그

질환은 큰 영향을 미치지 않는다고 판단한 경우, ② 최근 몇 년 동안 해 왔던 일인데 그 증상을 이유로 할 수 없는 상황이 늘어나는 특징이 보인다면, 증상을 통해 상황을 회피하고 있을 가능성도 살펴보는 것이 좋습니다.

# 2
# 지원의 함정 및 예방법

## 놓치기 쉬운 함정

제4장에서 설명한 것과 같은 대응을 부모가 열심히 노력하고 있지만, 그럼에도 불구하고 개선의 여지가 별로 보이지 않는 사례가 있습니다. 여기서는 이러한 사례에서 공통적으로 볼 수 있는 함정을 간략히 이야기해 보려고 합니다.

먼저, 부모가 열심히 아이에게 원칙을 가지고 대응하는데, 그런 부모의 대응 방식을 조부모가 망쳐 버리는 유형이 종종 보입니다. 돈이든 게임이든 아이가 상식을 벗어난 일탈 행동을 해서 부모가 자식의 상태를 고려해 적절한 제한을 가한 것뿐인데, 조부모가 나서서 "그렇게 하면 애가 불쌍하다"며 제한을 풀어주고, 심지어 부모의 대응 방식을 비판합니다. 이런 식으로 '원칙에 근거한 대응'과 '원칙을 느슨하게 하는 대응'이 가정 내에 혼재해 있으면 '원칙에 근거한 대응'으로 인한 효과를 기대하기가 어려워집니다.

멀리서 사는 조부모님 댁에 놀러 가 하고 싶은 대로 마음껏하고 지내다가 집으로 돌아온 아이들이 제멋대로 행동해 한동안 애를 먹는 건 많은 가정에서 경험했을 것입니다. 그 후 아무런 문제가 없다면 그런 일이 되풀이되어도 괜찮겠지만, 그렇지않고 꽤 심각한 경우도 있다는 것을 알아야 합니다.

이러한 현상은 부모와 조부모 사이에서 발생하기도 하지만부부 사이에서도 발생하며, 개선의 흐름을 정체시킬 가능성도있으니 유의해야 합니다. 더욱이 이러한 상황에서 어머니만 노력해서 어떻게든 개선되게 하려는 경우도 있을 수 있고, 조부모와의 교류를 일시적으로 차단해 인정으로 이어가는(그럴 경우 부모가 자신의 부모에게 한마디 할 수 있는지가 중요함) 등 다양한 접근법이 있습니다. 가정에 맞게 할 수 있는 접근법을 모색해야 합니다.

또한 '규칙의 느슨함'으로 인한 함정에도 주의할 필요가 있습니다. 학교와 관련된 틀에 관해서는 어느 정도 확실하게 제시되지만 그 외의 틀은 느슨한 경우가 있습니다. 예를 들어 부모가 "잘하지 못하는 것이 있어도 학교는 가야지" 하며 아이와 그 상황에 직면하고 있지만, 식사할 때는 아이가 다리를 올리고 있어도 주의를 주지 않고, 게임 시간에 대해서도 무제한으로 허용해 밤늦게까지 잠자리에서 게임을 하는 경우가 있습니다. 이런 일들은 언뜻 보기에는 상관이 없는 것처럼 여겨질 수 있습니다. 하지만 부모가 아이의 심리적 과제를 제대로 마주하고 있음에도 불구하고, 가정의 규칙에 대해서는 일반적인 것을 벗어난 느슨함이 있기 때문에 개선되기 쉽지 않은 것이 경험적 사실입니다.

이러한 상황에 대한 이해로 ① 가정 내 규칙을 지나치게 느슨하게 해 '이쪽에서 불을 끄면 저쪽에서 불을 붙이는' 상황이 되어 버린다, ② 가정의 규칙을 둘러싼 상호작용을 늘리면 부모와 자식의 교류가 자연스럽게 늘어나고, 그것이 바로 자녀의 지지와 안정으로 이어진다 등이 있습니다. 그렇게까지 딱딱하게 규칙을 정하지 않아도 ②가 유지되는 가정이라면 개선하기 쉽기 때문에, 중요한 것은 규칙의 설정보다 가정 내에서의 관계에 의한 지지일 수도 있지만, 그 가정 내에서의 관계 중 하나에 규칙을 둘러싼 교류도 포함되기 때문에 상호 보완적인 관계에 있는 것 같기도 합니다.

## 가정에서 할 수 있는 예방의 예시

제2장에서는 아이에게 일어나는 부적응의 구조에 대해 설명했습니다. 이러한 구조를 근거로 해서 가정에서의 예방법을 단적으로 말하면, '아이의 부정적인 부분도 잘 관여하고자 노력할 것', '그때 발생하는 뒤죽박죽된 상호작용을 중시할 것'이 됩니다. 다만, 이것만으로는 너무 대략적이기 때문에 보다 구체적인 관점에서의 예방책을 이야기해 보려 합니다.

초등학생이 되면 담임교사가 숙제를 내줍니다. 숙제하는 습관을 들이는 것은 초등학교 저학년 아이들에게 중요한데, 이는 단순히 학습 내용을 익힌다는 이유뿐만이 아니라 '사회의 요청에 어느 정도 응해야 한다'라는 마인드를 기르기 위해서이기도 합니다. '내 뜻대로 되지 않는 것은 이상하다'라고 생각하는 아이일수록 외부에 자신을 맞추는 것에 거부감을 드러내는데, 그런 태도를 그대로 두면 사회에 적응하기 어려워질 수도 있습니다. 부모도 '자식을 사회화한다'라는 생각으로 아이에게 숙제를 독려하는 것이 중요한 시기입니다.

이러한 사회화를 촉진하는 관계에는 제3장에서도 언급했듯이 언제나 개성 침해라는 주제가 따라다닙니다. 다만 어른의 역할은, 아이가 사회와의 관계에서 느끼는 개성 침해에 따른 불쾌감을 받아들여, 이를 해소하고 사회와의 타협점을 찾아 나가게 하는 것이라고 저는 확신합니다. 절대 '개성을 침해하는 것이므로 사회가 이상하다'라는 단순한 사고에 치우치는 게 아니라, 개성을 가진 한 사람의 인간으로서 사회 속에서 살아갈 수 있는 길을 아이와 함께 모색하는 것이 아이가 사회 속에서 성숙해지는 것이라고 생각합니다. 그 사이에 일어나는 것이 세상의 반대이고, 그에 수반되는 뒤죽박죽을 받아들이는 것이 됩니다.

그 외에도 초중등 학생의 경우, 학교에서 시행하는 시험을 치르게 하는 것도 중요합니다. 점수 확인이 중요한 게 아니라, 아이의 취약한 과목과 그 범위를 아이와 공유하는 기회로 활용하는 것입니다. "이 부분이 약하구나", "엄마는 이 과목을 못했어"라고 말하는 것은 '부정적인 나'를 느끼도록 유도하고, 그런 아이를 지지하는 것이 됩니다. 아이에 따라서는 좋은 점수를 받는 시험은 응시하지만 점수가 낮은 과목의 시험은 응하지 않는 경우도 있습니다. 이럴 때는 "시험에서 낮은 점수를 받았다고 해서 네가 싫어질 리 없고, 시험 점수와 관계없이 너는 소중하니까 제대로 보여주면 좋겠다"라는 메시지를 전달하는 것이 중요합니다.

이 책에서는 꾸짖는 것의 중요성을 여러 번 언급했습니다. 다만 꾸짖는 데도 나름의 매너가 필요합니다. 생각나는 대로 설명하자면 다음과 같습니다.

① 10분을 넘기지 않을 것—그 이상이 되면 아이에게는 '야단 맞았다'라는 느낌만 남고 정작 중요한 내용은 남지 않는다.

② 인격을 부정하지 않을 것—한 일에 대해서만 꾸짖어야지 인격을 깎아내리는 듯한 훈계를 해서는 안 된다.

③ 다른 아이와 비교하지 않을 것—아이의 요구사항에 대해 '다른 집은 다른 집이고 우리집은 우리집'이라고 말하고 싶다면 부모도 '다른 집 아이와 우리집 아이'를 비교하면 안 된다.

④ 아이는 금방 변화하지 않을 것이고, 부모의 생각대로 되지도 않는다는 걸 기억할 것—뜻대로 되지 않는 상황에서 부모가 행동의 본보기를 보여준다.

이처럼 아이를 꾸짖을 때는 주의해야 합니다.


마지막으로 조금 엉뚱한 이야기를 해 볼까 합니다. 부모는 자녀에게 '가치관을 강요하는 것'을 너무 두려워하지 않았으면 합니다. 현대 사회 분위기로는 가치관을 강요하는 것은 나쁘다고 생각하는 경향이 있습니다. 물론 부모의 가치관을 따르지 않으면 버림받을 것이라는 공포심을 바탕으로 한 강요는 해서는 안 됩니다. 하지만 그런 거부할 수 없는 강요가 아니라 아이도 자기 나름의 가치관을 가지고 부딪혀 오는 흐름을 방해하지 않는 강요라면 문제가 되지 않습니다. 애초에 부모는 자녀에게 무의식적으로 많은 것을 강요하고 있습니다. 무엇에 웃고, 무엇에 기뻐하고 화를 내는지와 같은 부모의 일거수일투족이 가치관의 강요인 셈입니다. 그러니 적어도 우리가 무언가를 강요하고 있다는 사실을 인정하고, 부모가 살아오면서 소중하다고 느낀 생각, 아이가 조금이라도 살아가는 데 도움이 된다고 판단되는 생각을 '반박을 허용하는 강요'라는 형태로 제시하는 것은 중요합니다.

참고로, 그렇게 강요된 가치관을 기준으로 삼으면서 자기 나름의 인간관계와 경험을 거듭해 자신만의 가치관을 만들어 내고, 부모에게 강요된 가치관을 밀어내는 시기를 '반항기'라고 부르는 것입니다. 아이가 반항기를 드러내기 위해서는 '내가 부모님의 가치관과 다른 가치관을 내세워도 부모님은 나를 버리지 않을 것'이라는 신뢰가 필요합니다. 요즘은 반항기가 없는 아이들의 이야기를 종종 듣는데, 이러한 성장을 촉진하는 강요를 제대로 하고 있는지 부모와 자녀 간의 신뢰 관계가 잘 유지되고 있는지 걱정입니다.

## 학교에서 할 수 있는 예방의 예시

이번에는 교사에게 자주 하는 일상적인 조언을 적어보겠습니다. "그런가?" 싶을 정도로 작고 일상적인 조언이지만, 그렇기 때문에 아이와 부모의 반발이 적고, 또 일상적으로 실천하기 쉬운 접근법입니다.

아이가 자신이 잘못하거나 해내지 못한 것을 직면하게 하는 접근법으로, 예를 들어 수업 중에 아이들이 틀린 부분을 '지우개로 지우지 못하게 한다', '틀린 답은 그대로 둔 채 정답을 쓰게 한다'와 같은 것을 생각할 수 있습니다. 자신의 실수를 인정하지 못하는 아이들의 경우, 시험지를 돌려줄 때 틀린 답은 지우고 곧장 정답을 쓰고는 끝이라는 유형을 알 수 있습니다. 자신이 왜 틀렸는지에 대한 세밀한 검토 없이 답만 수정하면 끝이라는 식이어서 진정한 공부로 쌓이지 않습니다. 그래서 틀린 부분을 그대로 남겨 두게 함으로써 틀린 답과 제대로 마주하게 하는 것입니다. 물론 그때는 교사가 "실수하는 것도 중요하다", "실수를 마주하고 고민하는 것이 중요하다"라는 태도를 가지고 관여하는 것이 전제되어야 합니다. 특히 아이들이 '이런 것도 못하는 나는 구제 불능'이라는 잘못된 인식을 가지고 있다고 판단되면 "실수를 드러낼 수 있는 것이 중요하다"라는 메시지를 반복해서 말로 전달해야 합니다.

비슷한 맥락이지만, 자주 하는 조언으로 '사전을 찾아보자'라는 것이 있습니다. 인터넷으로 검색하는 것과 비교하면 사전을 찾는 일은 시간이 걸립니다. 하지만 조금 성가시지만 일부러 사전을 사용하는 행위의 이점은 찾는 동안 계속 자신의 무지를 경험하게 된다는 점에 있습니다. 제2장에서도 언급했지만, 자신의 부정적인 면을 받아들이지 못하는 아이는 배움 속에서 발생하는 '모름'과 마주하는 것을 어려워합니다. 사전을 찾는 행위로 그 '모름'을 경험하고 모르는 것이 있는 자신에게 익숙해지는 좋은 기회가 되는 것입니다.

이 같은 노력은 한 가지 사례에 불과합니다. 아이들의 심리적 과제를 제대로 파악해 두면 교사가 현장에서 그 심리적 과제에 대응할 수 있는 방법을 더 쉽게 생각해 낼 수 있습니다. 보다 일상적이고 세심한 생각을 쌓아가는 것이 하나하나 작은 밑거름이 되어 아이를 지탱해 가는 존재가 되리라고 저는 믿습니다.

마지막으로 조금 특수한 대응 방식에 대해서도 이야기해 보겠습니다. 예전부터 학교에서는 아이들이 주체적으로 손을 들어 역할을 맡게 하고, 그 역할을 통해 책임감을 익히게 하는 등 심리적 성장을 촉진해 가는 방식을 채택해 왔습니다. 물론 이러한 접근은 중요하지만, 이 책에서 설명한 완벽한 자아상이 전면에 내세워진 사례 중에는 해야 할 일은 하지 않으면서도 중요한 역할은 하고 싶어하는 유형을 볼 수 있습니다. 다음과 같은 사례입니다.

---

**사례②**
## 학급회장에 출마하지만…

---

초등학교 4학년 남자아이. 수업 중 자리를 비우는 일이 많고, 교내를 돌아다니는 등의 행동을 보이며, 같은 반 친구를 '하인'이라고 부른다. 학년 초 학급회장을 뽑는 선거에 출마한다. 담임이 "역할을 책임감 있게 해야 한다", "현재 학교에서의 언행을 고치지 않는 한 맡을 수 없을 것이다"라고 말했지만 언행에 변화는 보이지 않는다. 교내 협의를 거쳐 학급회장을 맡길 수 없다는 섬. 다음 학급회장을 결정할 때까지 학급 친구들이 "너라면 한 번 믿어볼게"라고 여길 수 있는 모습을 보여줬으면 좋겠고, 그러기 위해 교사도 협조하겠다는 뜻을 아이에게 전한다. 아이는 그 이야기를 흔쾌히 받아들인다.

완벽한 자아상이 전면에 드러난 사례에서는 '자아상'과 '현실

속 자신의 위치' 사이에 큰 괴리가 발생합니다. 이 괴리에서 눈을 돌리듯, 다시 완벽한 자아상에 집착하듯이, 학교 안에서 '훌륭하게 느껴지는 역할', '타인의 위에 서는 듯한 역할'을 찾는 아이들을 종종 볼 수 있습니다. 이런 경위로 역할을 찾는 경우, 일상생활 속에서 내심 느끼는 열등감을, 역할을 통해 타인을 내려다보는 것으로 보상하려고 합니다. 타인을 내려다보는 맛을 알게 되면 변화나 개선이 어려워지고 이런 식으로 자존심을 회복하려 시도하지만 그건 익숙해질 수 없습니다. 남을 내려다보는 것은 자신의 낮은 자존감을 씁쓸하게 다시 맛보는 것이 되기 때문입니다.

이러한 역할을 주지 않는 대응에는 다른 의미도 있습니다. 역할에 출마하는 것은 본인이 원한 것처럼 보이지만 막상 그 역할로 해야 할 일이 명확하게 보이기 시작하고 눈앞으로 다가오면 본인은 크게 불안감을 보이는 경우가 있습니다. 완벽한 자아상에 의해 출마는 했지만, 자신이 그 역할에 걸맞은 일상을 쌓지 않았다는 것을 내심 알고 있었던 것입니다. 사례②에서도 학급회장 임명일이 다가올수록 안절부절못하는 모습을 볼 수 있었고, 어머니도 면담에서 "부담감이 심해진 것 같다"라고 말했습니다. 본인이 '학급회장이 될 수 없다'라는 것을 순순히 받아들인 것도 이런 내면의 괴로움이 있었기 때문이라고 생각합니다.

이처럼 역할을 주지 않는 방침에 대해 학교에서는 끈질긴 저항이 있습니다. 앞서 언급한 대로, 학교에서는 역할을 통해 아이의 성장을 촉진한다는 생각이 있는데, 그 생각에 반하는 것처럼 느껴져서입니다. 또한 지금까지의 학교 풍조로 보아 "손을 든 아이에게 그 역할을 맡기지 않을 수가 없다"라는 의견도 들리는데, 물론 그 또한 지당하다고 생각합니다. 주변 아이들이 피한다는(그 아이와 경쟁하면 골치 아파진다는 것을 알고 있기 때문에) 이야기도 있어서 다른 후보가 없다면 더더욱 위임할 수밖에 없는 경우가 많을 것입니다. 그런 경우에도 해야 할 일을 확실히 제시하고 그 책임을 다할 수 있도록 지원하는 것이 중요하며, 분명히 아이가 역할에 맞지 않는 상태를 보이는 것 같으면, 그 상태를 고려해 역할 유지 여부를 포함해, 그때그때 논의하는 방침이 중요하다고 생각합니다.

# 3
# 마지막으로 중요한 것들

아이들에게 관여하는 어른들

    드디어 이 책도 마무리되어 갑니다. 마지막으로 지원자로서의 사고방식 혹은 지원하는 데 있어 중요한 자세에 대해 말하려고 합니다.

    떼려야 뗄 수 없는 관계인 부모라 할지라도 자녀의 부정적인 부분을 마주하고, 불편한 감정을 받아들이고, '부정적인 부분도 있는 자신'을 자녀가 수용하도록 하는 것은 쉬운 일이 아닙니다. 또한, 부모는 아이를 부적응인 상태로 두려는 게 아니라, 아이의 행복을 바라며 부정적인 부분을 건드리지 않았던 경우가 대부분입니다. 그러나 자녀의 부적응에 대해 접근하려고 아이의 부정적인 부분에 관여하는 것은 지금까지의 양육 방식과 모순이 발생하게 되어, 부모는 양육관의 변화를 강요당하는 경우도 적지 않습니다. 즉 부모에게는 자녀의 부적응을 개선하기 위한 엄청난 노력이 요구되는 것입니다.

그리고 이것은 학교도 마찬가지입니다. 아이의 부적응이 심하거나 문제 행동이 두드러질수록 부모에게 그 점을 제대로 알리고 함께 손을 잡고 지원하려는 자세가 중요해집니다. 다만, 자녀의 문제를 인정하지 않는 부모의 경우, 이러한 '손을 잡고 지원하는' 토양을 조성하는 것 자체가 어려운 경우도 있습니다. 또한, 모든 부모가 자녀의 부정적인 부분을 직시하고, 자녀에게 마주하게 할 수 있는 것도 아닙니다. 이런 상황에서 자녀의 심리적 과제를 부모에게 정확히 전달하기란 쉽지 않은 일이며, 그 행위에 설득력을 부여하기 위해서는 '학교가 적절하고 성실하게 대응해 왔다'라는 과정이 필수적입니다.

이러한 부모와 학교 모두에게 부담이 되는 지원에서 학교 상담사를 비롯한 지원자에게 요구되는 것은 "저는 이 사례, 이 상황에 책임감을 갖고 임하겠습니다"라는 표명이라고 생각합니다. 아무리 아이가 폭력적인 반응을 보이더라도 그 아이와 부모와의 면담을 "제가 하겠습니다" 하고 손을 들겠습니다. 부모의 반발이 예상되는 일이라도 그것을 전달하는 것이 자신의 역할이고, 이를 통해 아이가 개선될 것이라 판단되면 실행합니다. 눈앞의 사례나 상황에 관여하고, 자신이 관여함으로써 발생하는 사태에 책임을 지고, 자신이 관여할 수 있는 마지막 순간까지 계속하는 것이 지원자에게는 중요합니다. 반대로, '학교나 부모에게 부담을 지우는 말만 하고 아무것도 하지 않는다', '그 상황에 최선을 다하려는 의욕을 보이지 않는다', '폭력적인 사례는 자신 없으니까 하지 않는다' 등의 자세를 취하는 지원자는 모든 지원 방침이 공허해져 버릴 것입니다.

생각해 보면 "저는 이 사례, 이 상황에 책임감을 갖고 임하겠습니다"라는 자세는 아이를 둘러싼 모든 어른에게 요구되는 것이기도 합니다. 자녀를 성장시키기 위해, 자녀의 심리적 과제를 개선하기 위해서, 부모는 부모로서의 책임을, 학교는 소속된 아동들의 성장을 촉진한다는 본분을, 교사는 그 일에 부여된 역할을, 지원자는 자신이 그곳에 존재하는 의미를 제대로 이해하고 이를 완수하려는 자세가 각각 요구되는 것입니다.

## '누가 지원을 이행하는가'라는 시점

제3장에서도 언급했지만, 제가 이 책에서 거론한 아이들의 특징은 그 아이들과 부모와의 면담에서 이야기한 사건, 발생된 변화, 세세한 에피소드를 시간순으로 기록한 것

을 바탕으로 하고 있습니다. 사실 이 방법은 나카이 히사오 선생이 조현병의 회복과정을 조사하기 위해 사용한 방식을 답습한 것입니다. 다만 나카이 선생의 경우에는 간호 기록이 주요 데이터로 사용되었지만, 제 기록의 주요 데이터는 '저와의 면담기록' 및 '면담에서 이야기되는 가정에서 아이의 모습·언행', '학교에서 보이는 아이의 모습·언행'입니다. 이 점을 고려하면 한 가지 놓쳐서는 안 되는 것이 있습니다. 그것은 이 책에서 거론한 아이들의 특징과 그 지원법에 대해서는 항상 '나 자신'이 지속적으로 관여했다는 요인이 끼어 있다는 점입니다.

미국의 저명한 정신과 의사 해리 스택 설리반(Harry Stack Sullivan)은 '참여하는 관찰'의 중요성을 지적하고 있습니다. 참여하는 관찰이란 정신의학에서 임상실험을 하는 데 있어 중요한 태도로 여겨집니다. 설리반은 "객관적 관찰 같은 것은 존재하지 않는다. 오지 참어적 관찰만이 존새하며, 이 경우 당신도 참여의 중요한 요인이 아니겠는가"라고 말했습니다. 우리는 상대에 대해 일방적인 관찰자가 아니라 존재하는 것만으로도 상대에게 무언가 영향을 미치고 있는 것은 틀림없는 사실입니다.

즉 이 책에서 예로 든 아이들의 특징이나 지원법에 대해서도 항상 '나'라는 존재가 영향을 미치고 있기 때문에 떠오른 생각이라고 인식할 수 있는 것입니다. 이것이 많은 사람에게 활용

될 수 있다면 다행이지만, 한편으로는 '나'라는 존재가 빠졌기 때문에 다른 사람에게는 적용하기 어려운 것이 될 가능성도 배제할 수 없습니다. 어쩌면 '나'와 비슷한 특징을 가진 사람이 이 책을 읽고 대응하면 원만하게 진행되는데 그렇지 않은 사람은 잘 안 될 수도 있습니다. 예를 들어 앞에서 언급한 "눈앞의 사례에 책임감을 갖고 임하겠다"라는 마인드를 가지고 있어도 그것을 실행에 옮길 수 없는 입장에 있는 사람도 있을 수 있습니다. 그런 사람은 이 책에서 말하는 지원 방법을 적어도 직접적으로는 실행하기 어렵다고 느낄 것입니다.

한편, 이 책에서 소개한 사회적 적응이 어려워지고 있는 아이들의 에피소드에서, '그 사람 자신'이라는 존재 요인을 바탕으로 또 다른 관점, 다른 지원법을 고안해 내는 사람이 있을지도 모릅니다. 그렇게 해서 아이들에 대한 지원의 폭이 넓어지는 것은 환영할 만한 일이고, 그런 흐름이 생겨나기를 바랍니다.

저는 이 책에서 소개한 아이들의 부적응을 유발하는 특징이 학교생활이라는 좁은 범위에 국한되는 것이 아니라 사회생활 전반에 영향을 미칠 수 있는 것이라고 생각합니다. 또한, '사회생활 전반에 영향을 미치는 사례'에는 긴급하게 대응해야 하는 경우가 많기 때문에 이 아이들의 부적응을 가능한 한 조기에 개선해 나가는 것이 중요하다고 확신합니다. 학교와 가정을 포함하여 1명이라도 더 많은 지원자가 아이들에게 일어나고 있는 상황을 제대로 인식하고 가능한 한 빨리 지원의 손길을 내밀고, 또한 각 지원자가 자신을 포함한 지원 방법을 모색하고 그것이 많은 아이와 부모에게 전달되기를 간절히 기원합니다.

# 학교 상담사는 무슨 일을 하는가

이 책의 저자인 야부시타 유 선생은 오랫동안 학교 상담사로 일했습니다. 여러분의 학교에도 아마 학교 상담사가 계실 거라고 생각합니다. 여러분은 학교 상담사가 어떤 일을 한다고 생각하십니까?

가장 쉽게 떠올릴 수 있는 것은 상담실에서 상담을 원하는 학생이나 보호자와 이야기를 나누거나 상담하는 모습일 것입니다. 물론 학생이나 보호자와의 개별 면담은 학교 상담사의 중요하고 기본적인 업무 중 하나입니다. 개별 면담을 통해 고민을 들어주고 조언을 해 줌으로써 불안감을 줄여 주기도 합니다. 하지만 학교 상담사가 상담실에만 있는 것은 아닙니다.

대부분의 학교 상담사는 일주일에 하루, 4~8시간 정도만 학교에 나옵니다(지역에 따라 근무시간이 더 적은 곳도 있습니다). 그렇기 때문에 학교와 학생에 대한 정보, 일주일 동안 있었던 일 등에 대한 정보를 수집해야 하고, 학교 교사와 이야기를 나누며 이 정보들에 대해 설명을 들어야 합니다. 담임교사, 학년 부장, 동아리 담당 교사, 보건 담당 교사 등 많은 교사와 이야기를 나누며 앞으로 면담에서 만날 학생에 대해 물어보거나 교사들 사이에서 최근 신경 쓰이는 학생에 대한 정보를 듣기도 합니다. 또한 학교 상담사도 면담에서 있었던 일이나 이야기한 내용을 교사들에게 전달하거나 교사들이 고민하는 것에 대해 조언해 주기도 합니다.

하지만 교사와 이야기하는 것만으로 학교와 학생의 상황을 모두 알 수 있는 것은 아닙니다. 직접 눈으로 봐야 알 수 있는 것도 적지 않습니다. 그래서 학교 상담사는 학교 안을 돌아다니는 경우가 있습니다. 수업을 듣는 모습을 복도에서 지켜볼 때도 있습니다. 교사들이 신경 쓰인다고 한 학생이 어떤 아이인지, 어떻게 수업을 받는지 실제로 살펴보는 건 나중에 그 학생과 직접 이야기를 나누거나 교사들에게 조언을 하는 데 중요한 정보가 됩니다.

운동장에서 체육수업을 받거나 동아리 활동을 하는 모습도 볼 수 있습니다. 체육 시간에는 그룹이나 팀으로 활동하는 경우가 많기 때문에 반 친구들 간의 관계를 엿볼 수 있습니다. 동아리 활동에서는 그 학교의 동아리 활동 방침과 지도 방식, 학생들이 노력하는 모습을 파악할 수 있습니다. 쉬는 시간에 복도를 걸어 다니며 인사를 하거나 말을 건네기도 합니다. 쉬는 시간도 학교의 분위기를 알 수 있는 소중한 시간입니다.

또한 학교 상담사의 얼굴을 학생들에게 알리는 것도 중요한 일입니다. 누구나 처음 보는 사람에게 자신의 고민을 털어놓는 것에 거부감이 있기 마련입니다. 그것이 학교 상담사라고 해도 마찬가지입니다. 오히려 (학교) 상담사라는 잘 모르는 (왠지 수상한?) 직함을 가진 사람이라면 괜히 더 이야기하고 싶지 않을 수도 있습니다. 그렇기 때문에 평소 학생들에게 자신의 얼굴을 보여주고 인사를 하거나 말을 걸면서 "나는 이런 사람이에요", "수상한 사람 아닙니다" 하고 전달함으로써, 학교 상담사와 대화를 나누는 것에 대한 학생들의 거부감을 줄일 수 있습니다.

자신에 대해 알린다는 점에서 중요한 것이 바로 소식지입니다. 학교 상담사가 독자적으로 발행하는 '상담실 통신문' 같은 형태도 있고, 보건교사가 발행하는 '보건 통신문'의 일부에 학교 상담사 코너가 만들어져 있는 경우도 있습니다. 이 소식지는 학교 상담사를 알리는 중요한 도구입니다. '다음 달에는 ○월 △일에 옵니다' 같은 재실 예정일을 알려주기도 하고, '저는 ○○을 좋아합니다', '요즘 ××에 빠져 있습니다' 등 자신에 대한 것을 쓸 때도 있습니다. 이런 일련의 일들을 통해 공통의 관심사를 가진 학생이 학교 상담사와 이야기해 보고 싶다고 생각하게 될지도 모릅니다.

또한 휴식 방법이나 심리학에 관한 짧은 지식을 알려 주는 경우도 있습니다. 이런 소식지는 학생뿐 아니라 보호자들도 보는 것입니다. 그러므로 아이의 마음에 관한 것이나 육아에 대한 팁을 적기도 합니다. 이런 소식지를 통해 학교 상담사를 친근하게 느끼게 하고, 무슨 일이 있으면 상담해 보고 싶다는 생각을 갖게 하려고 합니다.

이 외에도 학교 교사들을 대상으로 연수를 하기도 하고, 수업 시간이나 단체 행사에서 학생들에게 마음의 건강에 대해 이야기하는 경우도 있습니다. 학생이 다니는 병원, 교육지원센터(적응 지도 교실), 아동상담소 같은 관계 기관에 연락하거나 정보를 공유하기도 합니다. 등교 거부로 학교에 오지 못하는 아이에게는 전화를 하거나 가정방문을 할 때도 있습니다(지역에 따라서는 학교 상담사의 가정방문을 금지하고 있는 곳도 있음). 개별 면담을 하거나 정보 공유를 한 경우에는 이를 기록으로 남겨 두어야 하므로 보고서 등을 작성해야 합니다.

이처럼 학교 상담사는 아마 여러분이 생각하고 있는 것보다 더 많은 일을 해야 하고, 무척 바쁩니다.

하지만 이 모든 일은 학생들의 마음이 건강하고 즐거운 학교생활을 보내기 위해 꼭 해야 하는 일들입니다. 그런데 아무리 학교 상담사가 노력해도 학생(여러분)이 고민을 털어놓지 않으면 학생에 대한 것을 알 수 없고, 학생을 위해 무언가를 할 수도 없습니다.

우선은 주저하지 말고 학교 상담사에게 여러분의 마음을 이야기해 보세요. 어떤 이야기든 잘 들어주고 받아줄 거라 믿습니다.

## 마치며

드디어 이 책의 집필을 마무리하게 되었습니다.

'시작하며'에서 말했듯이, 이 책은 현대 아이들의 부적응과 문제점에서 많이 나타나는 '구조'를 그려 낸 책입니다. 이런 구조를 설명하면, 눈앞의 아이를 이 구조에 대입해 보고 싶어지는 것이 인간의 본성일지도 모르겠습니다. 물론 아이를 이해하기 위한 발판으로 먼저 적용해 보는 것도 좋을 것입니다.

그러나 이 책에서 언급한 구조는 실천의 장에서는 '가설' 가운데 하나에 불과하다는 것을 잊어서는 안 됩니다. 열심히 아이(나 그 부모)와 관계를 이어가다 보면 이 책의 예시 이외의 가설이 떠오를 수 있을 것입니다. 그럴 때는 이 책의 내용에 집착하지 말고, 그렇다고 쉽게 놓지도 않으면서, 여러 가설 사이를 떠돌며 '이것도 아니다', '저것도 아니다'라고 생각하다 보면 문득 눈앞이 확 트이는 순간이 있습니다. 저는 그런 것이 중요하다고 생각합니다.

이 책이 아이들을 지원하는 어른들에게 중요한 '가설'을 제시할 수 있는 책이 되길 바라며, 그렇게 된다면 이 책을 쓴 의미가 충분하다고 생각합니다.

마지막으로 이 책을 출판할 수 있도록 이끌어 주시고 공저자로 이름을 나란히 해 주신 와코 대학의 코사카 야스마사 선생, 원고를 열심히 읽어주고 격려의 코멘트를 해 준 편집자 카이 이즈미 씨에게 감사의 마음을 전하고 싶습니다. 감사합니다.

American Psychiatric Association(2022), 『Diagnostic and Statistical Manual of Mental Disorders』/ 日本精神神経学会(日本語版用語監修), 髙橋三郎・大野裕(監訳)染矢俊幸・神庭重信・尾崎紀夫・三村將・村井俊哉・中尾智博(訳)(2023), 『DSM-5-TR精神疾患の診断・統計マニュアル』, 医学書院.

内田樹(2008), 『街場の教育論』, ミシマ社.

内田樹(2011), 『「おじさん」的思考』, 角川文庫.

内田樹(2017), 『困難な成熟』, 夜間飛行.

内田樹(2018), 「学びとは「不全感」より始まる」, 全国不登校新聞社(編), 『学校に行きたくない君へ』, ポプラ社(pp199~220).

内田樹(2019), 『武道的思考』, ちくま文庫.

尾田栄一郎(1997), 『ONE PIECE 』, 集英社(第一巻).

神田橋條治(1988), 『発想の航跡神田橋條治著作集』, 岩崎学術出版社.

神田橋條治(2009), 現代うつ病の養生論, 「紹介患者に見るうつ病治療の問題点」改め, 「うつ病診療のための物語私案」招待講演, 神庭重信・黒木俊秀(編), 『現代うつ病の臨床その多様な病態と自在な対処法』, 創元社(pp258~276 ).

Gabbard, G. O(1994), 『Psychodynamic Psychiatry in Clinical Practice 』/ 舘哲朗(訳)(1997), 『精神力動的精神医学その臨床実践[DSM｜Ⅳ版]③臨床編：Ⅱ軸障害』, 岩崎学術出版社.

斎藤環(2015), 『オープンダイアローグとは何か』, 医学書院.

Sullivan,H.S.(1953), 『The Interpersonal Theory of Psychiatry』/ 中井久夫・宮崎隆吉・高木敬三・鑪幹八郎(訳)(1990), 『精神医学は対人関係論である』, みすず書房.

Sullivan, H. S.(1954),『The Psychiatric Interview』/ 中井久夫・松川周二・秋山剛・宮﨑隆吉・野口昌也・山口直彦(訳)(1968),『精神医学的面接』, みすず書房.

下坂幸三(2001),『摂食障害治療のこつ』, 金剛出版.

田中茂樹(2011),『子どもを信じること』, さいはて社.

滝川一廣(2012),『学校へ行く意味−休む意味　不登校ってなんだろう？どう考える？ニッポンの教育問題』, 日本図書センター.

土居健郎(2000),『「甘え」理論の展開土居健郎選集2』, 岩波書店.

中井久夫(1998),『最終講義―分裂病私見』, みすず書房.

中井久夫・山口直彦(2004),『看護のための精神医学第2版』, 医学書院.

中井久夫(2011),『世に棲む患者 中井久夫コレクション』, ちくま学芸文庫.

中井久夫(2011),『「つながり」の精神病理 中井久夫コレクション』, ちくま学芸文庫.

成田善弘(2010),『精神療法面接の多面性―学ぶこと、伝えること』, 金剛出版.

Freund, S.(1916・1917),『Introductory Lectures on Psycho−Analysis』/ 懸田克躬・高橋義孝(訳)(1971),『精神分析入門(正)フロイト著作集1』, 人文書院.

西丸四方・西丸甫夫(2006),『精神医学入門改訂25版』, 南山堂.

養老孟司(2023),『ものがわかるということ』, 祥伝社.

養老孟司(2023),『養老孟司の人生論』, PHP文庫.

鷲田清一(2019),『濃霧の中の方向感覚』, 晶文社.

# 칭찬으로 넘어진 아이
# 꾸중으로 일어선 아이

**1판 1쇄 인쇄** 2024년 11월 8일
**1판 1쇄 발행** 2024년 11월 20일

**지은이** 야부시타 유 코사카 야스마사
**옮긴이** 김영주
**펴낸이** 김영곤
**펴낸곳** (주)북이십일 21세기북스

**콘텐츠TF팀** 김종민 신지예 이민재 진상원 이희성
**출판마케팅팀** 한충희 남정한 나은경 최명열 한경화
**영업팀** 변유경 김영남 강경남 황성진 김도연 권채영 전연우 최유성
**제작팀** 이영민 권경민
**편집** 김화영 **디자인** design S

**출판등록** 2000년 5월 6일 제406-2003-061호
**주소** (10881) 경기도 파주시 회동길 201(문발동)
**대표전화** 031-955-2100 **팩스** 031-955-2151 **이메일** book21@book21.co.kr

ⓒ 야부시타 유, 코사카 야스마사, 2024

ISBN 979-11-7117-838-4 03590

**(주)북이십일** 경계를 허무는 콘텐츠 리더

21세기북스 채널에서 도서 정보와 다양한 영상자료, 이벤트를 만나세요!
**페이스북** facebook.com/21cbooks **포스트** post.naver.com/21c_editors
**인스타그램** instagram.com/jiinpill21 **홈페이지** www.book21.com
**유튜브** youtube.com/book21pub